JN085660

武器化する世界

THE WEAPONISATION OF EVERYTHING

ネット、フェイクニュースから
金融、貿易、移民まであらゆるものが
武器として使われている

マーク・ガレオッティ
Mark Galeotti
杉田 真 訳

原書房

武器化する世界

目次

第4部　未来へようこそ

【著者】マーク・ガレオッティ（Mark Galeotti）

ロンドン大学スラブ東欧学研究所名誉教授、プラハ国際関係研究所フェロー。ケンブリッジ大学ロビンソンカレッジ、LSEで政治学博士号を取得。その後、キール大学歴史学部長、イギリス外務省の上級研究員、ニューヨーク大学のグローバルアフェアーズ教授、客員教授を歴任。邦訳書に『スペツナズ』、他著書多数。

【訳者】杉田真（すぎた・まこと）

英語翻訳者。日本大学通信教育部文理学部卒。訳書にデフォー『世界滅亡国家史』、フランツマン『「無人戦」の世紀』（共訳）、スタメッツ『素晴らしき、きのこの世界』（共訳）、ライト『エッセンシャル仏教』（共訳）ほか。

アンナへ、これから先の世界も鋤(すき)より剣のほうが多いだろう

イントロダクション

明後日、突然電灯が消えはじめる。列車が停車し、夜勤工場が機能しなくなり、全国の若者はネットが繋がらないことに苛立つ。のちに、東日本と西日本の両方に電力を供給する送電網の保護を目的とした、一見見事な数々の防御策やバックアップやフェイルセーフ［機械類が故障した場合や作業者が誤作動した場合などに、安全側に働くシステム］に対して、ハッカーが1年以上かけて、慎重に、そしてたくみにバイパスを作っていたことが明らかになる。原子力発電所、風力タービン、さらには昔ながらの化石燃料からも電気は生成されていたが、どうにもならない。国中の電力系統網が麻痺状態にあるからだ。システムが最終的にマルウェアを除去して再起動するまでに48時間かかる。その2日間、誰もが安定的で豊富な、そして何よりも信頼できる電力に依存していたことを痛感する。

これは基本的に流血をともなわない攻撃だが、完全にそうではない。予備の発電機が足りないかネット接続が遅いせいで集中治療室では死者が出る。信号が消えたせいで71人が交通事故で亡くなる。暗闇の中で誰かが階段から転げ落ちたり、大阪のエレベーターに閉じ込められた男性がパニック発作を起こして窓を蹴破って飛び降りたりと、不必要で些細（ささい）な悲劇が相次いで発生する。

　真の国家危機の際、誰に電話するだろうか？　軍隊は二次的影響に対処するために配備される。結果として犠牲になったものは、自衛隊がアメリカ軍と実施しようとしていた日米共同統合演習に参加する余力だ。その代わりに、自衛隊員は発電機の供給や、警察が便乗泥棒の取り締まりのため通りをパトロールするのを手伝うことで忙しい。

　政府はすぐにこれが攻撃であることを発表するが、その手口と実行犯については不明のままだ。何カ月にもわたって、汚職やとりわけ国のインフラ管理のずさんさを厳しく批判するメディア報道に接してきた国民は、政府に対して不信感を募らせている。結果、何を信じていいのかわからない国民は、ハッキングされた当局者のメールが暴露されると政府に対する怒りを爆発させる。そのメールは、老朽化したシステムを十分なアップデートをせずに使いつづけているため、電力供給網内部で深刻なカスケード障害［一部の障害が、システム全体の不具合の原因になること］が発生する危険があることを大臣に知らせる内容だ。さらに悪いことに、これらのメールは本物である。政府の報道官は、システムが強固で「目的に合っている」ことが確認されていると説明して懸念の解消に努めるが、根拠が弱く、身勝手な印象を与えるだけだ。それは何よりも、他の文書の一部が政府のシステムから一掃されていたことが明るみに出るからだ。

外部からは隠蔽工作のように見える。政府の反論は、政治家からＴｉｋＴｏｋスターにいたるまで、買収されたのか、本気で怒っているのか、あるいは単なる便乗目的の世論形成者に煽られたメディアの報道合戦で埋もれてしまう。残念ながら、「よい社会を作る力」という選挙スローガンのもとで話す首相を揶揄する動画が拡散される。96歳の祖父（元救急医療員で、80歳までチャリティマラソンに参加していた）の葬式で泣いている女性の写真は、この災難の象徴になる。「総理、おじいちゃんは〝目的に合っていなかった〟の?」という見出しが紙面を飾る。

中国は2年前、日本の主要な高圧送電網の交換に名乗りを上げたが、国家安全保障の立場から認められなかった。今、中国の電力会社が51パーセント出資する合弁企業が、独自の技術を使って、格安で迅速にネットワークを再構築するという新しい申し出をする。外交・防衛委員会の委員長は、以前の計画を最も厳しく批判したひとりだったが、彼はこの新しい提案に関する意見を述べるまえに亡くなってしまう。代替証拠がなく、警察は強盗に襲われたと結論づける。それでも、この事件は契約を勝ち取るための込み入った策略であり、国の送電網が支配される恐れがあると主張する者もいる。なお、この合弁企業には潜在的利益の危機だと考える多くの日本の中小企業が参加している。彼らは高額な報酬で辣腕弁護士を雇っており、ほどなくして名誉毀損の令状がどっと押し寄せる。裁判で勝てるかどうかは重要ではない。真の狙いは、弁護費用を脅迫の材料にすることだ。その結果、少なくとも公の場で誰もリスクのある話をしなくなってしまう。
また中国政府は、中日友好の立場で賢明な判断が下されることを期待する、という殊勝な声明を出す一方で、東京の上野動物園にジャイアントパンダのチューリンを提供して日本の対中感情を和らげようとする。取引は成立する。こうして中国は、契約、勝利、そしておそらく中国が求めていた長期的な影響力を手に入れる。

これは悪夢のシナリオだ。もちろん、とうていありそうにない話である。だが、カッターナイフを持った19人のジハード主義者が２００１年にアメリカ上空を飛ぶ4機の航空機をハイジャックして、人類史上最悪のテロ攻撃を実行するという考えも、ありえないはずの出来事だった。あるいはイランにとって、スタクスネットと呼ばれるコンピュータ・ワームがＵＳＢメモリを介してナタンツの核施設——地下深部にあり、精鋭部隊や対空システムやレーザーワイヤで保護されている——に侵入し、爆弾用ウランを濃縮するために使用されている遠心分離機を破壊することは想定外だったに違いない。またロシアは、２０１４年にほとんど発砲らしい発砲をせずに隣接する国の一部を占領したが、実行犯とは無関係だと主張した。インフラのハッキングから殺人にいたるまで、これらのシナリオの一部は、21世紀の宣戦布告なき「影の戦争（シャドウ・ウォー）」ですでに使用されている。

兵器はますます高価になり、国民は（権威主義体制であれ）戦争で犠牲者が出ることに寛容でなくなりつつある。いずれにせよ、力が炭鉱や不凍港や農地の広さで測られる時代は過去のものとなった。国家は常に非軍事的な手段を用いて、他国を威嚇し、誘惑し、欺き、勝利への道を切り開いてきたが、今日の世界はかつてないほど複雑になり、緊密に相互接続されている。かつて、相互依存性は戦争を抑止する手段であると思われていた。これはある意味そのとおりだった。だが、戦争の原因となる圧力が消えることはなく、むしろ相互依存性が新しい戦場になった。武力衝突がない戦争、すなわち非軍事的紛争には、転覆工作、制裁、ミーム、殺人などさまざまな方法が用いられており、現代のニューノーマルになってきていると言えるかもしれない。

その過程で、戦争と平和の境界は曖昧になり、現在「勝利」とは素晴らしい日であることを意味しているが、将来はどうなるか保証できない。むしろ私たちは、しばしば気づかれず、宣戦布告されず、終わりもないという永続的に低レベルの紛争が行われる世界を生きることになり、その世界では同盟国でさえ競争相手になる可能性がある。私たちはすでに、とりわけロシアと西側の現在の対立において、情報から――奇妙なことに――サッカーのフーリガンにいたるまで、さまざまなものが「武器化」される時代を生きている。そう、たとえば、２０１６年にフランスで開催されたＵＥＦＡ欧州選手権で、ロシアの熱狂的なサッカーファンが対戦相手のイングランドのファンと衝突したとき、「イギリス政府の情報筋」は『オブザーバー』紙に、信憑性よりも高潔さでもって「プーチンが仕掛けたハイブリッド戦の続きのようだ」と語った。

あらゆるものが武器化される可能性があるのなら、こうしたことは無意味になるのではないか？　ある程度、それは公正な指摘である。だが、たとえあらゆるものが武器化できるとしても、一部は他のものよりも優れた武器になる。本書は新しい戦争方法の、ひょっとしたらめずらしい戦争方法の、もしくは新しい戦争世界のフィールドガイドである。予言書というよりは、人間が進む可能性のある未来についての入門書のほうが近い。新型コロナウイルス感染症で思い出されるように、人生はさまざまな予期せぬ方向転換を行い、そのうちの一部は世界を変える可能性がある。本書で述べる未来は、永遠に紛争が続き、そのなかでチャリティから法律まであらゆるものが武器として利用される恐れがあるため、ついディストピアであると考えたくなる。だが少なくとも私は、核ミサイルよりも不愉快なミームのターゲットにされるほうがいい。幸いなことに、情報戦において迫撃砲による集中砲火は存在しない。本書は流血をともなわない紛争の未来についての展望ではない（結局のところ、経済制裁や反ワクチンの偽情報、保険関連予算の汚職で命を落とす人がいるからだ）。だが少なくとも、流血が少ない紛争であることは確かであり、国家同士の直接的な武力衝突は犠牲が多く主流でなくなりつつある。それはまた、善人が協力すれば、悪人と同じ手段を効率的に活用できる世界ということでもある。もちろん、私はこれを皮肉を込めて言っている。地政学においては、誰もが利己的であり、完全な善人も完全な悪人もめったにおらず、さまざまな醜い思惑が渦巻いているからだ。それでも、安定性とルールに基づく国際秩序に多少なりとも関与しているそれらの勢力と、概してその両方に挑戦しようとしている勢力とのあいだにかすかな線を引くことができる。

本書はこうした未来を支持しているわけではない。好むと好まざるとにかかわらず、これは世界が向かいつつある可能性のひとつである。私たちは今このことをよく考えてみるべきだ。他国より賢く機敏で冷酷な国が、私たちに対してこれらの手段を使っていることに不満を言うのも結構なことだが、私たちがそんな反応をするだけでは、この先もずっと不満を言いつづけることになるだろう。結局のところ、知力と想像力ほど武器化されたときに強力なものは存在しないのだ。

2021年4月、ロンドン

第1章 武器化のルネサンス

２０１４年2月23日の早朝、モスクワ西部にあるウラジーミル・プーチンのノヴォ・オガリョヴォ邸。隣国ウクライナで親露派の大統領ヴィクトル・ヤヌコーヴィチが民衆のデモにより失脚した問題を話し合う徹夜の会議が終わろうとしている。プーチンは安全保障長官のほうを向き、「クリミア編入計画に着手しなければならない」と言う。１９５４年までロシア（ロシア・ソヴィエト連邦社会主義共和国）の領土であり、いまだにロシア黒海艦隊の本拠地でもあるウクライナのクリミア半島は、ロシアにとって戦略的な価値があるだけでなく、思い入れの強い場所だ。

親欧派の新政府を支持するクリミアの抗議者らは、ほどなくしてライバルのデモ隊に遭遇する。併合を支持するロシア系の活動家に加え、コサック、悪名高いバイク集団「夜の狼たち（ナイト・ウルヴズ）」のメンバー（プーチンは彼らとバイクで疾走したことがあった）、そして喧嘩上等の「地元の自警団」たちだ。彼らの多くは、サレムとバスマキというクリミアの主要な組織的犯罪集団のメンバーであることが判明する。こうした血の気の多い連中を団結させるため、ロシア連邦保安庁（FSB）の工作員はあの手この手で懐柔（かいじゅう）していた。周到に準備された集会キャンペーンは、長年クリミアを疎かにしてきた遠方のウクライナ政府に対する参加者の怒りを増幅させ爆発させる。ロシアの息がかかったコメンテーターは、クリミア住民がウクライナ政府の弾圧を受けていると主張し、工作員は群衆の怒りをかき立てる。

2月27日、ロシアの特殊部隊が地元政府の建物を占拠する。彼ら「リトル・グリーンメン」は記章をつけておらず、ロシアは彼らとの関わりを否定している。これは見え透いた策略だが、ウクライナや西側を一瞬足止めする。彼らは傭兵なのか？　それとも黒海艦隊による独自行動なのか？　この逡巡は侵入者にプラスに働き、ウクライナの駐屯部隊を抑え込んで半島の首部分の封鎖を達成する。その一方でロシアは、半島のウクライナ軍指揮官に対して、こちらに寝返るなら昇進と名誉を与えようと持ち掛けていた。ロシアの軍事情報機関であるロシア連邦軍参謀本部情報総局（GRU）は、工作員、偽情報、サイバー攻撃などさまざまな手法を用いて、キーウ（キエフ）との通信リンクを切断する。こうした無規律な「志願兵（ボランティア）」の行動は、彼らが携帯する不可解な新しい武器にもかかわらず、戦術的な価値は乏しい。だが、ロシア軍が半島を整然と封鎖する際に、否認権という口実を与えることになる。

3月1日頃には、新しく誕生した新露派のクリミア首相が「ボランティア」と連携して、まだロシアに寝返っていない防衛隊に降伏を強制する。ロシアの援軍は、半島の占領を確実にするため、公然と艦隊で航海したり、航空機を着陸させたりする。発砲らしい発砲はほとんどなかった(死者はわずか5人——民間人2人、ウクライナ人兵士2人、自分の銃を暴発させたとみられる「ボランティア」ひとり)。それでもクリミアは、少なくとも軍事力と同じくらい有効な反政府活動や犯罪行為や間違った指示を織り交ぜた作戦で奪われたのだ。

一部の人にとって、この作戦は馴染みのないものであり、最初のリアルな「ハイブリッド戦争」による征服だった。策略と背信はめずらしくはなかったが、この「新しい戦争方法」と思われているものを語る専門家、アナリスト、作家たちが続々と登場してひとつの業界が誕生した。これは多岐にわたる政治外交術のなかで最も手ごわいものにすぎないのか、紛争の性質が異なるものなのか、いつもどおりの職務を行っただけなのか？　ひょっとしたら、私たちの語彙では的確に表現できない概念なのかもしれない。

名前がなんだというの？

ハイブリッド戦争、グレーゾーン戦争、非対称戦争、トレランス戦争、無制限戦争、非線形戦争……。たくさんの新しい言葉が意味もなく生まれた。さらにこの作戦を、ロシア軍参謀総長ヴァレリー・ゲラシモフが提唱した「ゲラシモフ・ドクトリン」という非道な方針に基づくものであったと考える者もいる。だが、そのような政策は存在しない。そう言い切れるのは、私がうかつにもある記事の題名を「ゲラシモフ・ドクトリン」にしたことが原因だからだ。この造語が事の真相のように受け止められるなんて思いもしなかった［「ゲラシモフ・ドクトリン」についての著者の説明は31ページを参照］。この件で得られた教訓は、題名にキャッチーな表現を使うのは用心すべし、ということだ。題名は本文よりも大きなインパクトを与えてしまう恐れがあるからである。だが、「ゲラシモフ・ドクトリン」でないにしても、おそらく別の言葉に評論家たちは飛びついただろう。要するに、誰もがみな、新しい何かが出現しつつあると信じたいか、そう信じる必要があると感じているようだ。こうした脅威の正体について確かなコンセンサスはないものの、フィンランドのヘルシンキには、いまや「欧州ハイブリッド脅威対策センター」なるものが存在する。さらに言えば、ロシアもまた、ＮＡＴＯが独自の「ギブリドナヤ・ヴォイナ」（ハイブリッド戦争）を計画しており、その謎めいた方法によって、アラブ世界やユーラシアにあるロシアの同盟国に対して反乱を扇動する恐れがあると確信している。

種々雑多な方法を動員することは、この戦争の特徴のひとつである。１９９０年代に考案された中国の超限戦は、技術大国や軍事大国を相手にする場合であっても、戦いを経済力やテロリズム、あるいは法律の領域へとシフトさせれば、勝算があると主張する。西側のセンター・オブ・エクセレンス（中核的研究拠点）は、「ハイブリッド脅威」を「国家または非国家主体により実施される活動。その目標は、公然または隠然たる形の軍事・非軍事の手段を組み合わせて、ターゲットを弱体化させたり危害を加えたりすること」と定義している。ハイブリッド戦争――レバノンのヒズボラなどの非国家的組織が、イスラエル軍のような従来の軍隊を相手に戦う方法を説明するために、アメリカの軍事思想家フランク・ホフマンが作った言葉――は、さらに広い意味を帯びており、戦場での戦闘、秘密裡の反体制活動、偽情報の流布、サイバー攻撃などを組み合わせて、相手を混乱に陥れることだ。

これとともに、通常であれば戦争とは無関係な中傷、天気、かわいい猫の写真などの話題が、にわかに主要メディアに組み込まれ、政治的な言説になるという「武器化の波」が押し寄せた（かわいい猫？　興味を引く写真に有害なメッセージを添えてSNSに投稿し、広く拡散させることだ）。本書で半ば真面目に、半ば自嘲的に使用している「武器化（weaponisation）」という言葉は、急速に市民権を得ている。社会学者のグレガー・マットソンによれば、「武器化」は何十年も前から存在する言葉だったが、2017年になって広く一般に使用されるようになった。おそらく、2016年のアメリカ大統領選挙や、この大統領選にロシアの干渉があったという主張と無関係ではないだろう。それは、市民生活と野蛮な紛争の境界が侵食されているように見えるだけでなく、実際にはかつて一度も存在したことがないが、そのふたつが厳密に区別されていたとされる「幻想の過去」へのノスタルジアの表れでもあった。

周囲で増えつづける軍事的メタファー（備蓄（アーセナル）でさえも）の一環として、何の前触れもなく、あらゆるものが武器化される可能性がある。皮肉なことに、実際の戦争では穏便で遠回しな表現（「運搬システム」が「巻き添え被害」を引き起こすなど）が好まれているが、市民の発言はますます好戦的になっている。「麻薬撲滅」や「コロナとの戦い」（イギリスの首相ボリス・ジョンソンは、ワクチンのニュースを「科学の騎兵隊」が「丘を越えて到来しつつある」ことの証だと称賛しさえした）だけでなく、いまやあらゆることに軍事用語が使われているように感じる。それはある意味、誰もがいつでもテロリストの爆弾や敵国の制裁の犠牲者になる恐れがあり、そのせいで見えない戦場に嫌々駆り出された兵士のような気持ちになる新しい時代の雰囲気を反映しているのかもしれない。

だが、この実質的に「新しい戦争方法」の概念は問題を抱えている。そう、現代の未曾有の相互接続性によって、国家は軍隊を動員せずに戦えるようになっているのだ。そしてまた、次章で見るとおり、従来の白兵戦や銃撃戦などの露骨な戦い方は、国家間の争いにおいて有用性や費用対効果が薄れている。他方、住むのにもっとも適した洞窟をめぐって、ある穴居人の集団がよその集団と争って以来、あらゆる戦いは「ハイブリッド」だったといえる。敵の皆殺しが勝利条件なのはビデオゲームだけだ。むしろ、高圧的な外交、本質的に政治的な行為、相手の抵抗力を低下させてこちらの意思を押しつける方法の極端な例が、戦争なのである。兵士を刺し殺したり、都市を破壊したりすることは、目的達成の手段にすぎず、相手の闘志をくじく試みと組み合わせて初めて効果があるのだ。

　これは、イギリスの軍人から軍事評論家に転身したバジル・リデル＝ハートが、「どんな作戦であれ、相手の心身のバランスを乱すことができれば、勝利への道が開かれる」と書いたときに言わんとしたことである。あるいは、アメリカの経験豊富な学者兼外交官であるジョージ・ケナンが政治戦と呼んだものだ。ケナンは政治戦を「国家の目標を達成するために、国家の命令で戦争以外のあらゆる手段を行使すること。そのような作戦には、公然と隠然の両方が存在する。それらは、政治的連携や経済措置［……］さらには〝正面工作（ホワイト）の〟プロパガンダといった明白な行動から、〝友好的な〟外国勢力への秘密支援や〝裏面工作（ブラック）の〟心理戦、敵国での地下レジスタンスの奨励といった秘密工作にいたるまで多岐にわたる」と定義した。リデル＝ハートは１９５４年に、ケナンは１９４８年にこれらを書いている。

　ところで、最近の士官候補生はみな、２５００年前の武将であり軍事思想家で「兵とは詭道（きどう）なり」（あらゆる戦争は策略に基づいている）や「戦わずして人の兵を屈するは善の善なる者なり」（最高の兵法とは戦わないで敵を征服することである）などの格言を残した孫子の兵法書を読まなければならない。はっきり言って、孫子は目新しいことは何ひとつ言っていない。いつの時代であれ、武将であれば知っておくべきことを体系化したまでだ。ヴァイキングの首領が熊の毛皮を身にまとった狂暴な狂戦士（バーサーカー）を解き放ったのは、突撃隊として利用するだけでなく、敵を恐怖のどん底に突き落とすためでもあった。14世紀のモンゴル軍は、襲撃隊の馬に木の枝を引きずらせて埃（ほこり）を巻き上げ、主力の先遣隊がやって来るかのように見せかけた。英仏百年戦争において、フランス王シャルル7世が慎重に関係を深めていたブルゴーニュ公が1435年にフランス側に寝返った事件は、戦況がフランス優位に傾く転換点となった——などなど、敵の士気をくじいたり、誤った指示を与えたり、体制を転覆させたりする例は枚挙にいとまがない。今日の世界で敵の精神や士気を乱す新しい方法が出現する可能性はあるが、その本質は同じままである。

ネオ中世を超えて

宿敵が遠隔地の占領を画策しているとの情報を諜報網から得ると、一連の対抗策が実行された。まず、敵の首都にいる有力者を大金で買収し、この攻撃が無意味であると言わせる。次に、毒が入った8つの容器を問題の場所に密かに輸送する。目的は、敵の攻撃部隊の給水路を汚染することと、秘密工作ではなく病気に見せかけることである。さらに、敵と取引している商人に、攻撃部隊が有害な水を飲んでしまったと言わせて嘘を増幅させる。

この作戦は、ヴェネツィア共和国の優秀な諜報機関である十人委員会の監督下で1570年に実際に行われた。彼らは、スパイとして雇ったローマ教皇の使節を通じて、オスマン帝国がダルマチア［クロアチア西部のアドリア海沿岸地方］にあるスパーラトという植民地の占領を計画していることを知った。ヴェネツィアが直接的な軍事行動に出るのは不可能だった。オスマン帝国の君主（スルタン）セリム2世が公言しているキプロス島への侵攻を迎え撃つために軍隊を確保しておかなければならなかったからだ。そのためヴェネツィアは、イスタンブールでの陰謀を企て、オスマン帝国支配下の港でクロアチア人漁師たちに偽情報を拡散させ、さらにあからさまなテロリズムを行うといった軍事力に頼らない複雑な作戦に出たのである。この作戦は功を奏し、スパーラト（今日ではスプリトとして知られている）は、1797年までヴェネツィアの領地だった。

1970年代、国際政治学者のヘドリー・ブルは、未来は過去に見られるのかもしれないと言い、人間は単一の（ユートピア的あるいはディストピア的な）世界政府ではなく、地域や国家や超国家的組織が部分的に重なり合っている「ネオ中世」に直面していると主張した。中世ヨーロッパの封建領主は、自分の臣下だけでなく、自分より上位のローマ教皇や神聖ローマ皇帝とも権力を共有しなければならなかった。たぶん、ブルにとってこのことは、個人の権利や公共の利益に対する包括的な観念が、主権国家の利己性に取って代わるか、抑制することになるから、結構なことなのだろう。

1648年に締結されたウェストファリア条約は、ドイツを荒廃させた凄惨な宗教闘争である三十年戦争を終結させ、そこから真の国家主権の時代が始まった。国家は自国の境界内で絶対的な権力を持っているが、同時に境界の外では何の権力も持っていないと想定された。20世紀に国際法という新たな概念が生まれるとこの想定は希薄になり、それと併せて多国籍企業や巨大なイデオロギー圏が発生した。1991年末のソ連崩壊は、少なくともしばらくのあいだ核戦争の脅威を取り除いた。しかし、新たな世界の国家の力は、巨大であると同時に不安定でもある。ヒト・モノ・カネ・情報・アイデアがかつてないスピードで世界を駆けめぐり、それらが国境を越えるたびに少しずつ国境を弱体化させているのだ。

将来、ウェストファリア体制の時代を歴史上の例外と振り返ることになるかもしれない。その一方で、醜悪な戦争が日常的に行われていた中世よりも、都市国家や公国が対立と協調を繰り返していたイタリア・ルネサンスのほうがよい先例と言えるだろう。国家間の武力衝突は今でも存在するが、幸いにもめったに起こらなくなっている。だが、それで今が平和な時代だと言えるだろうか？　各国は公共の利益の名のもとに幸せに共存できているのか？　とんでもない。それどころか、現在の戦争は、かつての戦争——開戦と終戦に正式な手続きがあり、戦場では大規模な武力衝突があるが、非戦闘員の保護や許容し得る武器についてのルールがある戦争——からますます遠ざかっている。その一方で、戦争は外注化され洗練され、直接的な武力と同じくらい、文化や信用、信仰、飢餓といった方法で実行されることが多くなっている。

14世紀から16世紀のルネサンスは、傭兵商会が繁盛し、短くも激しい軍事衝突があった。だがそれだけでなく、今日の敵が明日の味方（あるいは、今日の味方が明日の敵）になり、銀行や文化や情報が剣や槍と同じくらい価値を持つ時代でもあった。街角のゴシップは政治的な攻撃手段として使われ、「フェイクニュース」は金で動く外交官、使者、世論形成者、スパイといった国境を軽々と越える新しいタイプの人々によって、政治外交術の欠かせない要素になっていった。

ルネサンスの復活（ルネサンス）

画家・彫刻家として有名なコンスタンティーニ・デ・セルヴィは、造園家としても評価が高く、ペルシアからイングランドまでの多くの宮廷で歓迎された。もっとも、彼が実際に庭園を完成させることはめったになかったようだ。確かなことは、彼がいくつかの地政学上の大事件の瞬間に居合わせたということである。彼の正体はフィレンツェのメディチ家が差し向けたスパイであり、嘘や改竄情報を吹聴した。1611年、フィレンツェはカテリーナ・メディチとウェールズ公へンリーとの政略結婚を画策した。ところが、十代のヘンリーは未来の妃の顔を見たことがなかったため、この結婚に尻込みし、フィレンツェ大使を大いに困らせた。そんなとき、デ・セルヴィが若くて美しい女性の創作スケッチを彼に見せ、これがカテリーナだと言った。ヘンリーはほどなくして腸チフスで死んでしまうが、ひょっとしたらこのタイムリーな「フェイクニュース」が王子の結婚につながり、その後のヨーロッパの力関係が変わっていたかもしれない。

権力で大切なのはイメージであり、影響力で大切なのは想像力である。ルネサンスの君主たちが、当代屈指の芸術家や詩人や彫刻家を自分の宮廷に招き入れようと競い合ったのは、自己満足のためだけではない。それが都市国家同士で繰り広げられた政治的・文化的戦争の最前線でもあったからだ。そのような後援は、富や都市または家柄の文化的な権威を示していた。フィレンツェのサンタ・マリア・デル・フィオーレ大聖堂、ローマのサン・ピエトロ大聖堂、ミラノのスフォルツェスコ城は、レンガと大理石と黄金で記号化された権力と野心の高邁(こうまい)な主張だった。同じく、火星探査機〈天問(てんもん)1号〉による中国初の単独ミッションや、2024年までに月の南極に男女を着陸させるアメリカのアルテミス計画の狙いは、探査や研究だけでなく、リーダーシップ、技術力、野心を誇示することでもあるのだ。

大聖堂の建設や彫像の制作を依頼することは、財政的あるいは政治的なリソースを誇ることでもあった。これは、一方が他方になり得るということだ。ローマ教皇庁が、ミケランジェロにシスティーナ礼拝堂の天井画を描かせるために、ヨーロッパ中のキリスト教徒に課税したのは、芸術への資金提供だけが目的ではなかった。それはまた、他のプロジェクトに転用され、その過程で貴人（グランディ）を富ませる資産を生み出したり、明白な信心深さというジェスチャーで彼らの忠誠心を買ったりするための権力を獲得することも目的としていた。権力は金を生み出し、金は権力を生み出すのだ。

今日、私たちは「フェイクニュース」と偽情報の危険性に囚われている。同様にルネサンスも、都市国家公認の「語り（ナラティブ）」を支持するのであれ、敵のナラティブを攻撃するのであれ、情報戦の台頭が見られる。これはルネサンスが、政治と文学、学問とプロパガンダが密接に関連し、都市が何年にもわたりペンと剣で戦った時代だったからだ。たとえば、フィレンツェの人文主義者（ヒューマニスト）であるコルッチョ・サルターティは、ミラノの高官で『フィレンツェに対する非難』を記したアントーニオ・ロスキとペンで激しくやり合った。ミラノ公ジャン・ガレアッツォ・ヴィスコンティは「1000のフィレンツェの騎兵隊も、コルッチョ・サルターティの手紙や演説に比べればかわいいものだ」と評した。これは、レオナルド・ブルーニが『フィレンツェへの賛辞』を発表し、それにピエトロ・カンディード・デケンブリオが『ミラノへの頌詞（しょうし）』で応じるという初期の文学的衝突に則（のっと）った争いであり、それぞれの都市の文化的・歴史的な権威を取り上げて、イタリア全土を支配するというヴィスコンティの主張を支持または攻撃することが目的だった。今日の国家のブランディング、ソフトパワーの外部委託、都合のいいニュースやSNSの「いいね」を購入することなどはすべて、ルネサンスの「ナラティブ」戦争と類似している。

ルネサンスにおいて、社会不安、支配下にある都市の反乱、地方の暴動は日常茶飯事だった。これらは派閥間や国家間の利益のために嬉々として武器化された。たとえば、ヴェネツィア本土の内陸領を恐怖と混乱に陥れたフランチェスコ・ベルタズオロの一味は、数百人規模の強盗団へと成長した。その一方で、ベルタズオロ自身は、サロという町で屋敷の持ち主を殺害し、公然とその家を根城にした。彼はまたミラノに雇われたスパイでもあり、注文に応じてたびたびヴェネツィアで騒動を起こした。同様に、1478年にロレンツォ・デ・メディチを殺害して、フィレンツェに新体制を敷くことを企てたパッツィ家や、ナポリ王フェルディナンドに反逆して敗れた者たちは、教皇庁という後ろ盾があった。当時のテロリズムと反乱は、現在と同じく政治の手段だったのである。

一切の望みを捨てよ？

2014年7月17日、アムステルダムからクアラルンプールに向かう乗客283名を乗せたマレーシア航空第17便（MH17）が、ウクライナ東部を飛行していた。突然、ロシア製〈ブーク〉M-1ランチャーから発射された榴散弾が炸裂し、旅客機はウクライナ東部の村グラボベ近郊に墜落、全員が死亡した。ロシアはウクライナと戦う代理部隊に武器を提供していた。しかし、旅客機とウクライナの軍用機を区別するためのトレーニングやレーダーシステムは提供していなかった。反政府勢力は撃墜成功に歓声を上げたが、ほどなくして自分たちがしたことを理解した。ロシアの行動は迅速だった。大々的なプロパガンダで問題をややこしくし、MH17はロシア製とはまったく異なるミサイルで撃墜されたと主張しつつ、証拠の隠滅に奔走（ほんそう）した。

真相究明の主力になったのは、政府でも大手メディアでもなく、「ベリングキャット」という新興の市民ジャーナリスト団体だった（最近まで創設者のアパートで運営されていた）。ベリングキャットの有志たちは、関係者を特定する投稿を求めてロシアのSNSを調べ上げた。そして、地元住民が〈ブーク〉がロシアから運ばれ、その後慌ただしく回収されるのを目撃しており、スマートフォンで写真をアップしていることがわかった。写真から位置特定（ジオロケート）が可能だった。ネット上でもオールドメディアに登場したときも、強気で人を食ったような態度を崩さなかったベリングキャットの関係者は、こうして対ロシアのナラティブ戦争に勝利したのである。

この新しいルネサンスが不確実性と不安定性の時代であることを予言者のように指摘したくな

る。世界はかつてない速さで無政府状態（アナーキー）と化しているようだ。ダンテの『神曲』地獄編に出てくる地獄の門には「一切の望みを捨てよ」と書かれている。しかしその一方で、ダンテはイタリア語の父であるとか、ルネサンスに生じた芸術、建築、銀行業、政治術など幅広い分野における創造的ダイナミズムの典型であるとも見なされている。

新たな紛争形態に関するこれまでの研究と著作の多くは、偽情報、ハッキングやローフェア［法律を武器とした戦争］など、ひとつまたは複数の脅威の原因を考察している。その多くは終末論的でもあり、もっぱらそれらの問題にだけ注目している。本書は、ハードな軍事力に拠らない（非キネティック）紛争あるいは何でもありの政治術が展開される新世界や、世界秩序を再定義しようとする気運が高まっている兆候をより包括的に考察するだけではない。しばしば直観に反するが、それらから身を守り活用するための実践的な事例も紹介している。

こんなことを言う人がいるかもしれない。戦場で死のうと難民キャンプで死のうと、経済戦で失業しようと爆撃の結果失業しようとたいした違いはない。死者は死者だし、失業者は失業者なのだから、と。だが、国家間の新しい紛争形態は概して致死性が低いため、着実に一歩前進していると見なすべきだ。とはいえ、多くの場合、それらを阻止することは難しいかもしれない。冷戦の安全保障の中心だった戦争抑止戦略は、せいぜい急場しのぎの措置である。戦争抑止戦略では味方は作れず、明白な紛争を防ぐだけであり、敵意を強固にしてしまう恐れがある。国際政治用語の「安全保障のジレンマ」とは、国家が防衛目的で行動したとしても、戦争に巻き込まれる可能性がゼロではないということだ。私があなたに何かを思いとどまらせようとすることは、私があなたのことを脅威だと認めていることなのだ。それは、紛争を新たなステージへと確実に押しやることになるだろう。

さらに言えば、紛争の民主化が進んでいる。核ミサイルを開発したり、機械化師団を配備したりできるのは国家だけだが、ナラティブ戦争に参加したり、訴訟を起こしたり、商品をボイコットしたりすることは、個人や企業や団体でも行える。それでも、これらの方法は、ゼロサム的な国益に対してだけでなく、プラスの目的にも活用できる。たとえばベリングキャットや類似の組織は、多くの点で紛争が絶えることがない絶望的な世界の光明になっている。

本書は、預言書として読まれることを意図しているわけではない。おそらくいちばんいいのは、とりわけ悪辣な国家が、いかに現実社会の構成要素を悪用するのか、そしていかに私たちがリソースや機会や立場をめぐるゼロサム的な非軍事紛争に巻き込まれる恐れがあるのかについての警告書として読むことだろう。あるいは、来るべき世界の実用的なフィールドガイドだろうか。いずれにしても、これは途方もなく複雑な過程と課題についての概観であり、結果として、省略と単純化が避けられなかった。だが、本書はまったく希望がない物語（サーガ）としては書かれていない。ダンテは地獄を通り抜け、長い旅路の果てに楽園にたどり着いた。私にはそんな旅を約束することはできないが、これだけははっきりと言える。一切の希望を捨てる必要はない。

推薦図書

現代世界において新たに出現した（そして現在進行中の）戦争の形態について論じた良書はたくさんあるが、とくに注目に値するのは、リンダ・ロビンソン他の *Modern Political Warfare* (RAND, 2018)、ショーン・マクフェイトの *Goliath: Why the West Isn't Winning. And What We Must Do About It* (Michael Joseph, 2019)、トーマス・リッドの *Active Measures: The Secret History of Disinformation and Political Warfare* (Macmillan, 2020)、デイヴィッド・キルカレンの *The Dragons and the Snakes: How the Rest Learned to Fight the West* (Hurst, 2020) などだ（なお、私は彼らの意見すべてに同意しているわけではない）。マーク・レナードが編集した欧州外交評議会向けのエッセイ集 *Connectivity Wars* (2016) も非常に有益だ。古典に関しては、孫子の『兵法』の翻訳が数多く出回っており、グラフィック小説に翻案したものも存在する。ノーマン・エンジェルの *The Great Illusion* (Putnam, 1911) は、かなり長く、気の利いた格言はあまり見当たらないが、独自の切り口で国力の原理に疑問を投げかけている。

「ゲラシモフ・ドクトリン」に関する私の説明は、『ベルリン・ポリシー・ジャーナル』に掲載された２０２０年４月28日付の同名の記事（https://berlinpolicyjournal.com/the-gerasimov-doctrine/）で読める。「武器化の波」に関するグレガー・マットソンの研究は、雑誌*Metaphor & Symbol*, volume 35, issue ４（2020）の彼の記事 'Weaponization: Ubiquity and Metaphorical Meaningfulness' に掲載されている。言語を使用した攻撃については、喬良（きょうりょう）と王湘穂（おうしょうすい）の*Unrestricted Warfare*（Albatross, 2020）（『超限戦　21世紀の「新しい戦争」』２０２０年、ＫＡＤＯＫＡＷＡ）を参照されたい。ただこの英語版には、不正確で偏向的な副題「アメリカを破壊する中国の基本計画」（*China's Master Plan to Destroy America*）がつけられている。

第１部

もう（武力）戦争の研究はしない

第2章

戦争行為の非武器化？

14世紀のフィレンツェ共和国は教皇庁との争いが絶えなかった。1375年、中央イタリアの教皇領の拡大を懸念していたフィレンツェは、ミラノとの戦争を終わらせた教皇グレゴリウス11世が今度は自分たちに矛先を向けるのではないかと恐れ、政治術と金融を非対称に組み合わせたユニークな作戦に出た。フィレンツェは、教皇の信頼が厚いイングランド人の傭兵司令官ジョン・ホークウッドに13万フローリン金貨もの大金を支払い、フィレンツェに侵攻しないことを約束させた。彼らはこの大金をどこから調達したのか？　自国の領域内にある教会への課税だった。教会にとって、これは大きな痛手だった。

それでも戦争は避けられなかった。フィレンツェはミラノと同盟を結び、教皇領内で反乱を扇動するためにスパイを送り込んだ。これに対しグレゴリウス11世は、教会コミュニティからフィレンツェの指導者を破門し、フィレンツェの商人に経済制裁を課すという挙に出た。彼の傭兵軍は残虐の限りを尽くして教皇領内の反乱を鎮圧し、1377年にフィレンツェと同盟関係にあったボローニャを占領した。1378年、ようやく戦争は終結した。フィレンツェの当初の賠償金は100万フローリン金貨だったが、のちに20万にまで引き下げられた。賠償金と引き換えに一連の保証を回復し、宗教上の制裁も解除された。

これはルネサンスの基準ではあまりぱっとしない戦争だったが、興味深いことに「八聖人戦争」という名前がつけられた。なお、この「八聖人」は、本物の聖人とはほど遠い、教会資産への徴税を監督するためにフィレンツェ政府が設立した緊急委員会の8人のメンバーのことだ。委員会は約250万フローリン金貨と見積もられた戦費をフィレンツェが負担する際に重要な役割を果たした。

皮肉なことに、こうした対応が可能だったのは、当時の国家が、通常の徴税ではなく、強制公債や単発の取り立てなどしばしば強引な方法で資金を調達したからである。結果として、財政は決まって国富のごく一部しか利用しなかった。これは問題だったが、少なくとも、八聖人戦争のような臨時措置に対する十分な余裕を残した。当然の流れとして、近代国家は徴税を一種の技術に変えていき、現在、財政は一般的に国富全体の約3分の1を占めている。それは、私たちの年金や医療、軍隊、さらにはスパイ行為の財源になっているが、新型コロナウイルス感染症に赤字財政で対処するような場合を除いて、戦争の財源が必要になったときの選択の幅を狭めている。

戦争の価格

私たちは古き良き戦争を葬り去ろうとしているのだろうか？　兵器の価格を見れば、そう取れなくもない。実際、現代人は戦争の準備にかつてないほど金を費やしている。第2次世界大戦の戦闘機〈スピットファイア〉は約1万2500ポンドであり、これは今日の約82万2000ポンドに相当する。他方、イギリスは現在、新型のF-35〈ライトニングII〉を1機9200万ポンドで購入しようとしている。これは、その金があれば〈スピットファイア〉112機が買えるということであり、F-35の6機分の金があればバトル・オブ・ブリテン［1940年秋、イギリス空軍がドイツ空軍をイギリス上空で迎え撃った一連の防空戦］中にイギリス空軍が展開した全640機の戦闘機を買えて、さらにお釣りがくるということだ。現代戦の兵器が非常に高価であることは間違いない。

いずれにせよ、性能の差は段違いだ。F-35（約束どおり機能すればだが、まあそれは別の話だ）は、〈スピットファイア〉の3倍以上の速度で飛行し、同時に複数のターゲットと交戦できる。たとえ水平線の彼方に相手がいたとしてもだ。１９４１年のＧＩジョーはカーキ色の制服から遊底（ボルト）式のＭ１ライフルまでの完全装備をするのに１６０ドルかかった。他方、現代の兵士はカムフラージュを施されたハイテク装備で身を固めるのに約1万８０００ドルかかる。これは、インフレを勘案しても約6倍だ。なお、現代のＭ４カービン銃は、よりたくさんの弾丸を、より速く、より遠くまで、そして多くの場合より正確に発射できるし、兵士は防護服、暗視ゴーグル、無線機まで装備しているが、それでもパニックに襲われて身動きが取れなくなることがある。悲しいかな、人間は一度にひとつの場所にしか存在することができず、命はひとつだけなのだ。さらに言えば、これらのハイテク機器はどれもバッテリー（たいていは重く、最もまずい状況で足りなくなる）が必要だ。

　戦争のコストは弾薬ひとつひとつにまでおよぶ。アメリカの長距離地対空ミサイル〈パトリオット〉の最新版は、1ラウンドあたり５００万ドルかかる（これはミサイルだけのコストだ。発射用車両やレーダーなどは含まれていない）。首都壊滅のために飛来する核ミサイルや、ロシアの爆撃機Ｔｕ－１６０Ｍ（1機あたり2億１５００万ドル）を撃ち落とせるなら、お買い得のように思える。だが、必ずしも現代戦で役に立つわけではない。２０１７年、アメリカ陸軍訓練教義司令部のデイヴィッド・パーキンス大将は、「非常に緊密な同盟国」（イスラエルかサウジアラビアであると思われる）が〈パトリオット〉を使用して、既成の小型クワッドコプター・ドローンを撃墜したことを明らかにした。このドローンはアマゾンで200〜300ドルで買える。彼はそっけなく次のように言った。「経済の交換比率を考えれば、この成果を誇っていいかどうかわからない」

要するに、現代戦は貪欲で好みにうるさい。「素人は戦術を語り、玄人は兵站を研究する」とよく言われる。たとえば、現代の戦車が1ガロンの燃料で移動できる距離は、0・5マイル（約800メートル）ちょっとだろう。世界最大の燃料消費者はアメリカ軍だが、そのアメリカ軍の第2次世界大戦中の燃料消費量は、兵士ひとりにつき1日あたり平均1ガロンだった。現在は、兵士の輸送や戦場にいる兵士の支援、さらには必需品の供給を燃料消費が激しい航空機で行わなければならないため、16ガロンに達している。速射砲が多ければ、たくさんの弾丸を輸送しなければならない。武器の性能が向上すれば、その分価格が高くなるのだ。

アメリカのブラウン大学ワトソン研究所の「戦争コストプログラム」によると、アメリカが21世紀の最初の20年に行ったアフガニスタンやイラク侵攻を含む「テロとの戦い」のコストは、直接費と間接費を合わせて6・4兆ドルだった。他方、10年におよんだヴェトナム戦争は推定1680億ドル、現在の貨幣価値で1兆ドルだった。なお、12年間のナポレオン戦争はどうかと言うと、イギリスの負担は当時の貨幣で8億3100万ポンド、今で言えば7500億ポンド（9300億ドル）である。戦争にはもはや昔の面影はなく、かなり高価になっている。

さまざまなコスト

だが、それはドル、ポンド、あるいはルーブルだけの問題ではない。戦争の他のコストも急速に拡大している。そもそも、世界には依然として多くの非人道的行為が存在するが、同時に命を粗末にすることへの反発も高まっているようだ。昔の将軍は、内心はどうあれ、たった1日で数千人の死者が出たとしても、「それが戦争というものだ」と受け入れることができた（その一方でウェリントン卿は、彼の砲兵がワーテルローでナポレオンを見つけたときに、「司令官の仕事は互いに発砲し合うことではない」という意味のことを言った）。だが、現在の状況は異なる。

1983年、イスラム聖戦機構のメンバー2人が乗るトラック爆弾が、レバノンのベイルートで多国籍平和維持軍に参加していたアメリカ海兵隊分遣隊のバラックで爆発した。241人が死亡し、13人以上がそのときの負傷がもとでのちに死亡した。報復攻撃が行われた。しかし、ワシントンからの怒号をよそに、ほどなくして政治的なムードが変化した。4カ月も経たずに、アメリカ軍はレバノンを去ろうとしていた。10年後の1993年、ソマリアの「モガディシュの戦闘」で18人のアメリカ兵が死亡したこと——2001年、リドリー・スコット監督が『ブラックホーク・ダウン』という題名で映画化した——は、アメリカがソマリア政策を変更するきっかけになっただけでなく、アメリカがその後の軍事展開に対して消極的になる原因にもなった。とくに注目すべきは、翌年にルワンダで発生した大量虐殺に対するアメリカの反応だった［アメリカは国連に対してルワンダPKOの撤退を呼び掛けた］。

当然のことながら、民主主義国は、国旗で覆われた棺（ひつぎ）やすすり泣く女性（あるいは男性）という重苦しい映像に続いて起こる国民の反発をまともに受ける。しかし、権威主義的な傾向が強い国家であっても、自国の兵士を弾薬のような消耗品として扱うことの政治的なコストを無視できなくなっている。そのような戦い方は昔のソ連の特徴だったが、アフガニスタンへの無謀な軍事介入（1979〜89年）をする頃には、最初は検閲で（当初ソ連は、戦争は存在しないと強調していたが、その後兵士の帰還の流れによって、筋が通らなくなっていった）、次いで医療救助と治療サービスを提供することで国内感情に配慮せざるを得なくなっていた。民主政治と専制政治のあいだで不器用にバランスを取っていたソ連後のロシアは、いっそう慎重にならざるを得なかった。1994年から96年の第1次チェチェン紛争では、軍人や民間人の犠牲者が出たことに対してロシア国内で抗議の声が上がり、ロシアは停戦を余儀なくされた。1999年から2009年の第2次チェチェン紛争では、ロシアは検閲、長距離兵器、さらにはチェチェン人兵士の勧誘などを組み合わせて勝利した。自国の兵士が亜鉛の容器［亜鉛は遺体を硬化させ、腐敗を防ぐ作用がある］に入れられて帰国することに対する世論の反発を懸念していたプーチンのロシアは、国民の関心が向かないかたちで帝国主義的冒険を追求するようになり、2014年のウクライナ南東部で発生した宣戦布告なき戦争では、地元の補助部隊、暴漢、金や刺激を求める軍人が、2015年のシリアと2018年のリビアでは傭兵が利用された。

これはまた、メディアのスピード、アクセス、取材範囲の劇的な変化を反映している。ツイッターやインスタグラムのユーザーが誰でも「個人メディア」になれる時代では、当然のことながらあらゆる出来事はパブリックになった。唯一の問題は、情報操作とスピードだ。一部のジャーナリスト、年代記作者、新聞社の所有者、テレビキャスターだけがナラティブを確立し、戦争に関する情報を牛耳ることができた時代はとうの昔に過ぎ去ったのだ。古代では、これはもっと容易だった。紀元前7世紀にアッシリアを支配したエサルハドン王は、敵対するエラム人、次いでエジプトの別の勢力の手にかかって壊滅的な軍事的敗北を喫した。『エサルハドン年代記』を編纂した無名の人物はどう対処したのか？　答えはシンプルだ。これらの敗北を一切省略したのである。他の支配者は、ナラティブの管理に関してより企業家的だったと言えるかもしれない。1380年、クリコヴォ［モスクワ南部ドン川ほとりの平原］でモンゴル・タタールに勝利したモスクワ大公のドミートリー・ドンスコイは、モスクワ大公国を外国支配から解放する決定的な勝利としてこの戦いを描くように、年代記作者を雇っていた。その2年後のモンゴル軍の再来で、モスクワは略奪や放火の被害を受け、モスクワ大公はさらに1世紀のあいだモンゴルに恭順を誓わなければならなかったが、これらは都合よく軽視された。

1782年、ベンジャミン・フランクリンは、アメリカ先住民に金を払って入植白人の頭皮を剝がさせたイギリス政府のおぞましい話を新聞記事にし、友人に配った。さらにその友人は自分の友人にその新聞を回した。ほどなくして、この恐ろしい話は別の新聞に掲載された。実のところ、これは「フェイクニュース」だったのだが、誰が真相を究明できただろう、たとえその気があったとしても。フランクリンは、アメリカ人のイギリス国王に対する怒りをかき立てることに成功した。しかし、アメリカ先住民をイギリスの野蛮な協力者として描いたことで、1812年の米英戦争末期に彼らが過酷な扱いを受ける原因となった。

1850年代、『ロンドン・タイムズ』がクリミア戦争の現場にウィリアム・ハワード・ラッセルを派遣した。冷徹な目を持った彼は、通常兵が置かれた惨状や陸軍省の失策などを正直に報じた。議論の余地はあるが、これが近代的な従軍記者の始まりであり、それまでの歴史家やパンフレット作者は、すぐに彼らに取って代わるようになった。第1次世界大戦頃には、これによって検閲の新しい風潮が生まれ、当局の意向に沿うように飼いならされた公認の特派員が誕生した。もっとも、すでに即座にコミュニケーションが取れる電信や電話、ニュース映画（ニュースやドキュメンタリー映画のショートフィルム番組）などが存在して映画館の定番になりつつあった。情報の管理者、改竄者、記者のあいだの争いはかつてないほど緊迫していた。

今日、国家はかつてないほど体系的であり、戦争に関するナラティブの管理に力を入れているが、全体主義的な傾向が強い国以外では、そのような管理は困難になりつつある。ヴェトナム戦争は、国家がメディアを支配することが明らかに困難になった初のケースだろう。1968年の北ヴェトナムによるテト攻勢についての、率直に言ってセンセーショナルなアメリカの報道はその典型だ。北側は最終的に深刻な軍事的敗北を喫したが、アメリカ大使館が一時的に占拠されたことは、衝撃をもって報じられた。これにより、ホワイトハウスはヴェトナム戦争への関与を再考せざるを得なくなった。テレビは、政府がまだ折り合いをつけていなかったメディアであったため、戦争というよりも、戦争に関する独自の見解をアメリカ市民に届けることができ、この件に重要な役割を果たした。

だが、これはSNSが出現する以前のことだ。ウクライナのドンバスで発生した紛争に関与していないと主張するロシア政府の企ては、ロシア版フェイスブックとも言える「フコンタクテ」に、道路標識など場所が特定できる目印の前で陽気な自撮りを投稿する兵士たちにより部分的に失敗した。同様に、シリア政府は従来型の報道規制を敷いて体制の引き締めを図ったが、ニュースや自身の体験を世界中にストリーミング配信する新世代の市民ジャーナリストたちによって失敗した。後述するように、ハッシュタグ、ミーム、自撮りは、まさにそれ自体が新しいナラティブ戦争の武器となり、世界中で使われているAK-47ライフルと同じくらい普及している。

あらゆる情報がリークされる。内部告発者やオンライン活動家、ハッカー、無頓着なSNS中毒者らによって、以前であれば国家が情報を誘導したり遮断したりするときに頼ることができた「ダム」や「堤防」はすでに決壊しているのだ。戦争の人的・経済的コストを批判的に評価しようとする新たな社会的気運と、工業社会全盛期からポスト工業化社会にかけての紛争コストの大幅な増加とが相まって、かつては貴族や君主の道楽のようでもあった戦争は、いまや世界中の為政者にとって最後の手段になっている。

あらゆる戦争は正義の戦争となる

その結果、国際法とグローバル世論という法廷の影響力が明らかに強まっている。このことを理解するには、その発展に目を向けなければならない。組織化された戦争が誕生して以来、戦争を正当化できるタイミングや、いかに行うべきかといった戦争の道理や適切な遂行を管理しようとする試みが行われてきた。紀元前3世紀から6世紀にかけて執筆され、編集され、逐次書き直されてきた古代インドの叙事詩『マハーバーラタ』は、伝説集であると同時に哲学の書でもある。その20万行におよぶ叙事詩のなかには、ダルマ・ユッダ（正戦）の本質についての議論がある。その結論とは、戦争は問題を解決する試みが失敗したときにのみ行われるべきであり、その場の怒りに駆られて行われるべきではない。戦争は理性的な人間によって行われ、困窮者に危害を加えないように配慮し、毒矢のような卑劣な手段を用いることは慎むべきである、というものだ。

だが、そのような初期の思想の中心にあるのは、規則ではなく道徳だった。古代ギリシャの哲学者アリストテレスは、奴隷化を回避するための戦争や、「生まれながらの奴隷」を奴隷化するための戦争は道徳的に正しいと考えた。要するにこれは、ギリシャ人以外との戦争は道理に適ったものであるということだった。万民法（ユス・ゲンティウム）というローマの概念も、基本的に模範に関する内容であり、善悪についての価値基準や共通認識に基づいた国際法の概念だった。その後、初期のキリスト教神学者アウレリウス・アウグスティヌス（ヒッポのアウグスティヌス）は、軍事指導者や征服者予備軍が満ちあふれた世界を前にして、平和主義への理論的関与という不可能なことを企てた。『神の国』（413年頃～26年）のなかでアウグスティヌスは、傍観して悪徳の勝利を許すこと自体が罪であると主張し、純粋な自衛目的の戦いのために「正戦」（平和の名のもとになされる戦争）という言葉を生み出した。「賢人は正戦を行うものである」。彼らがその宿命を嘆いたりはしない。「なぜなら、彼らが正しくなければ、正戦を行うことはないからだ」――証明終わり（Q.E.D.）。

問題となったのは戦争の道徳性だった。その結果、正戦か否かの基準は多分に主観的になり、好戦的な者たちは喜んで正義という薄っぺらなマントに身を包んで軍事的な野望を追求することになった。1095年、教皇ウルバヌス2世は「忌まわしき種族、神から完全に見放された種族」に聖地エルサレムは占領されてきたと言い、キリスト教国に第1回十字軍を呼びかけた。これが、およそ200年にわたって続く、虐殺、裏切り、迫害に満ちた残忍な戦争の始まりだった。歴代教皇は言いつづけた。「これは正義の戦争である」

1452年、教皇ニコラウス5世は、「サラセン人、異教徒、不信心者」の奴隷化を支持する大勅書である「ドゥム・ディベルサス」を発した。1513年、新大陸の占領を目指すスペインは、この大勅書を神から与えられた権利であると主張し、アステカ、インカ、マヤなど南アメリカの国々を征服するための残忍で恐ろしい征服戦争を仕掛けた。もちろん、教皇と君主の考えは一致していた。「これは正義の戦争である」

モンゴル人はチンギス・ハーンに率いられて軍事遠征を行い、中国北部から中央ヨーロッパにいたる広大な帝国を築いた。彼らは、モンゴルのシャーマニズム信仰上最高の精霊神である天神テングリから下界のすべての土地を征服する命令を与えられたと信じ、断固としてこれを実行した。精霊は命じた。「これは正義の戦争である」

アメリカ南北戦争において、南部連合側は「州権主義」の名のもとに戦い、1846年から48年にかけての米墨戦争（アメリカ・メキシコ戦争）では、アメリカは「明白なる使命（マニフェスト・デスティニー）」「アメリカの西方への領土拡張を正当化するために使用されたスローガン」に基づいて推進され合理化された。規模はまったく異なるが、ナチスは、「生存圏（レーベンスラウム）」の権利を主張して侵略戦争に乗り出し、アーリア人の純潔さを守ろうとした。軍人の好き勝手にさせれば、あらゆる戦争が正義の戦争になってしまうだろう。

法律、戦争、ボアロードの台頭

紛争の範囲と遂行を法律で明確に定義するという考えは、国家間の取り決め——戦争の終結、境界の定義、貢納義務の規定についての条約——という形で初めて現れた。紀元前２１００年頃、メソポタミアの都市国家であるウンマとラガシュは互いの境界について合意し、男の背の高さの石柱にその合意内容を刻んだ。それから１０００年以上たって、エジプトのラムセス2世とヒッタイト王ハットゥシリ3世は、両国の「永遠の平和と友好」に合意した。彼らは銀の銘板にその内容を刻み、この合意は「エジプトの地の山や川、空、大地、海原、風、雲」の立ち合いのもとで行われたものであり、契約を破る者は誰であれ神々の怒りを買い、「彼の屋敷、彼の土地、そして彼の召使たちは滅ぼされる」とした。

神々は非常に重要な役割を果たしていたのかもしれない。５３２年にビザンティン帝国とササン朝ペルシア間で締結された「永遠の平和」、スコットランド・イングランド間の「永遠平和条約」

（1502年）、ポーランド・ロシア間の「永久平和条約」（1686年）、ハンガリー・ユーゴスラヴィア間の「永久友好条約」（1940年）はいずれも壮大な名前をつけられているが、そのどれもが程度の差こそあれ短命に終わった（最後の条約は6カ月も持たずに破綻した）。

ずっとあとの時代になって、ようやく国際法の概念をその時代の条約を超えたものとして考えたり、議論ができるようになった。イラクとアフガニスタンの両方の軍事作戦に参加した元イギリス軍将校の言葉を借りよう。「いまや紛争解決の主役は、軍事指導者ではなく退屈な渉外弁護士や陰気な外交官だ。私のような職業軍人が同席する場では気まずそうにしていた。それでも、息子がもう2度と帰ってこないことを怒る両親に伝えなければならないときは、彼らが適役なのだ」

なお、このような人々――「ボアロード」（退屈な有力者）と呼ぶことにしよう――は、17世紀初め、オランダの法学者にして外交官のフーゴー・グローティウスが『戦争と平和の法』（1625年）を世に出して以来、実にゆっくりとしたプロセスを経て発展した。多くの犠牲者を出したヨーロッパの宗教戦争に終止符を打った1648年のウェストファリア条約には、国家主権の概念が記されている。これは、それぞれの国家が、大国であれ小国であれ、自国の領土内で等しく独立する権利を持っているという原則である。だが、その原則を守らせるための国際裁判所のようなものが存在しなかったため、その後も、征服や貿易戦争や脅迫で正当化された力によって、戦争の遂行、帝国の確立、領土の獲得と喪失が続いた。

結局のところ、概して強国は規制を嫌い、弱小国に発言権が与えられることはほとんどない。国際連盟の創設には、第1次世界大戦という激変だけでなく、アメリカの大統領ウッドロー・ウィルソンの理想主義が必要だった。ただし国際連盟は高邁な原則と浅薄な利己主義がぶつかる典型的な例だった。アメリカ自身が上院の反対で加盟を見送ったことがその証だった。さらに、第1次世界大戦に敗北したドイツとボリシェヴィキのロシアが招待されなかったこともあり、完全な「プレミアリーグ」とはほど遠かった。とはいえ、まったく意味がなかったわけではない。1920年代を通じて、国際連盟は外交交渉のハブとして機能した。もっとも、イタリアのファシスト指導者であるムッソリーニは次のように評した。「国際連盟はスズメがさえずっているあいだは申し分ない。しかし、ワシが言い争いを始めた途端に役に立たなくなる」。実際、時代はファシスト党のイタリア、ナチス・ドイツ、スターリンが率いるソ連、さらには大日本帝国というワシが台頭し、第2次世界大戦へと向かっていくことになった。

そして第2次世界大戦後、国際社会は挑戦を再開した。ナチスの強制収容所、7500万の死者、原爆のキノコ雲の陰で、国際連合が考案された。その目的は、第2代事務総長であるダグ・ハマーショルドの言葉を借りれば、「人類を平和へと導くのではなく、地獄から救う」ことだった。高給取りの代表者がニューヨーク市の駐車違反切符を無視するために臆面もなく外交特権を行使することや、延々と続く煩雑な事務手続き、さらには常任理事国5カ国（アメリカ、ロシア、中国、フランス、イギリス）のメンバーが、気に入らない決議に対して拒否権を行使できるルールを引き合いに出して、国連に対して批判的な見方をしたくなるのも無理からぬことだ。それでも国連は、国際関係において真の漸進的な革命であった。それは単に国連の役割がというよりも、国連の存在そのものが、核兵器がある相互接続された世界において、かつてのユス・ゲンティウムの概念（「国際的なエチケット」と呼ぶことができるだろう）が共通の利益であるという新しい認識を示しているからだ。戦時下の行動についてのジュネーヴ条約、人道に対する罪を起訴する国際司法裁判所、外交官の保護を法制化した1961年のウィーン条約——これらの手段はすべて、ときに違反の恐れがあったものの、国家の行動に制限を課すべきであり、「ボアロード」が解決策の一端を担っているという真に普遍的な合意を反映している。

それに加えて、ある国の政府が自国の領域内で行うことは、その国の問題であるというウェストファリア的な主権のロジックは、人道的干渉主義や「R2P」（大量虐殺から市民を保護する責任）だけでなく、その他の地球規模の称賛すべき社会改良活動に取って代わりつつある。1990年にサダム・フセインがクウェートに侵攻すると、アメリカ主導の国際社会は報復を行った。これは、残忍な独裁者がクウェート油田を獲得するのを阻止したいという動機が強かったかもしれないが、そのような行動がもはや受け入れられないという意識の表れでもあった。崩壊中のユーゴスラヴィアで起きた民族浄化、ルワンダでの大量虐殺、イランと北朝鮮の核拡散、ロシアによるクリミア併合――こうした国際的なエチケット違反への対応には、軍事介入、援助活動、懸念表明、経済制裁などさまざまな形式と有効性があった。しかし、注目すべきは、ともかくもそのような反応があったということである。

もう戦争を研究しない？

ポイントは、国連や国際法がこうした残虐行為や紛争を防げないことではない。それらが有効に機能していないことに私たちが驚きと憤りを感じていることだ。法律ではないにしても、規範は重要であり、さらにはグローバルな認識も同様に重要である。ロシアは2014年に、ウクライナがロシアの勢力圏の一部であることを認めさせるために、同国に圧力をかける必要があると決断したが、これは単なる侵略ではなかった。ロシアはウクライナ東部で代理部隊の反乱を扇動し、ウクライナ政府軍が彼らを圧倒しそうになるときにだけ、自国の軍隊を集結させた。実のところ、この反乱者たちはあまり効果的ではなく、命令に従うことよりも、略奪行為やマッチョな態度を見せることに熱心だった。しかし、ロシア政府の立場から言えば、否認権の維持は、国際社会に対してだけでなく、国内の懐疑派に対しても重要だった（クリミア併合とは異なり、ドンバス戦争はロシア国内ではまったくと言っていいほど無関心だった)。

これは、従来型の大規模な国同士の戦争が少なくなった理由の説明になる。スティーヴン・ピンカーは、『暴力の人類史』のなかで、「今日私たちは、人類史上最も平穏な時代を生きているのかもしれない」と大仰に述べている。この主張は、「平和」を構成するものの哲学的側面に注目が集まり、しばしば激しい議論になった。もっとも、ピンカーは同書のなかで戦争だけを話題にしたのではなく、あらゆる暴力を扱っている。このテーマで丸々1冊の本を書くことは、これまで行われてきたし、これからもできるだろう。また、彼の主張のいくつかを議論することも可能だ。しかし、非常に幅広い観点から、3つの傾向が判明している。

まず、現代戦は非常に破滅的で短期間で終わる可能性がある。これは、第1次世界大戦型の塹壕戦と人間の波状攻撃という中世的な光景を兼ね備えたイラン・イラク戦争(1980~88年)のような武力衝突で明らかになった。1982年、6週間にわたり3回行われたイランの「ラマダン作戦」という大規模攻撃では、15万ものイラン人――その大部分は訓練も装備も不十分な民兵組織バシジのメンバーだった――が、塹壕に身を隠し装甲部隊に支援されたイラクの機械化師団に投入された。この攻撃は持続的な効果を上げず、およそ8万のイラン人が犠牲になった。

しかし、ひとつにはおそらく犠牲者の多さから、国家間の大規模な武力衝突は、1945年以降、短期的になり一般的でなくなった。もちろん、一触即発の可能性をはらむ軍事紛争地域は絶えず存在した。インドとパキスタンのカシミールをめぐる紛争は、両国が1947年に分離独立して以来、3回の戦争と数えきれないほどの小競り合い、軍事的な挑発があった。とくに1971年の戦争では、東パキスタン（バングラデシュ）に舞台を移して争われた。同様にイスラエルは、近隣のアラブ諸国とのあいだで7～8回の「正規の」戦争（数え方は異なる）と、さまざまな暴動鎮圧作戦、軍事侵攻、対テロ作戦を行ってきた。

しかし、以下で述べるように、インド・パキスタン間の対立は演劇的な側面が強まっており、他方イスラエルは、依然としてイランと複数の劇的で次元の異なる闘争を繰り広げている。かつて近隣諸国から拒絶されていたイスラエルは、いまやエジプトおよびヨルダンと完全な外交関係を構築して連携しており、秘密裡ではあるものの、レバノン、サウジアラビア、イラク、さらにはある程度シリアとも関係を築いている。どちらかと言えば、現在の戦争は国内紛争であることが多く、しばしばひとつ以上の外国勢力が一方または他方の陣営を支援している。彼らは流血を好まなくなったというわけではない。しかし、何度か繰り返されたインド・パキスタンの軍事衝突の犠牲者も、旧英領インドの各地で発生したヒンドゥー教徒、シーク教徒、イスラム教徒間の宗教暴動の犠牲者――100万人以上が死亡し、1400万人以上が難民になったそうだ――と比較すれば、見劣りすることは確かだ。

これらは、現在のシリアやリビアで行われているような仮想の代理戦争の場合もあれば、アフガニスタンやイエメン、おそらくはウクライナで行われているような外部勢力が関与する反政府暴動または暴動鎮圧活動の場合もある。その多くは複雑で手に余る。たとえばシリアの紛争は、ロシアとイランに支援されたアサド政権と、アメリカとトルコに支援された反乱戦力という単純な構図ではない。正確に言えば、反政府戦力は民族、派閥、宗教のグループに分かれており、アメリカとトルコはある時点まで利益を共有していたが、すぐに相違が見られるようになった。つまり紛争とは、白黒はっきりせずに混沌としており、自動小銃を持った酔っ払いがパブで喧嘩をしているようにも見えることが多いのだ。

戦争の劇場

しかし国家は、たとえ好戦的な姿勢を貫いていても、直接対決を避けることが重要である。2015年11月、トルコのF-16戦闘機が、シリア北西部の反政府勢力に対抗する軍事作戦に関与しているロシアのSu-24M爆撃機を撃墜した。Su-24Mが短時間トルコの空域に侵入したからだった。ロシアの最初の反応は激しい批判だった。プーチン大統領はこの件を「テロリストに加担する者たちによる不意打ち」と言った。経済制裁によって、トルコ産のトマトがロシアのスーパーマーケットの棚から姿を消し、パック旅行が制限され、さらにサッカークラブはトルコ人選手と契約締結を禁止した。両国の緊張がいっそう高まる恐れがあったが、プーチンよりもブラフに長けたトルコのエルドアン大統領は、非を認めることを拒否した。2016年になる頃には、首脳たちはふたたび会合を開き、1年以内にロシアの経済制裁は静かに解除された。

さらに、2018年2月7日にシリアのデリゾール県にある反政府勢力の拠点への攻撃がきっかけで、アメリカがロケット砲だけでなく、B-52大型爆撃機、AC-130対地攻撃機、F-22〈ラプター〉ステルス戦闘機、AH-64〈アパッチ〉攻撃ヘリコプターなどを投入する大規模な反撃に出たときは、ロシア政府はさらに用心深く行動した。ロシアの攻撃部隊には、ワグナー民間軍事会社――その実体はほぼロシア政府の別動隊だった――の傭兵がかなり含まれていたが、ロシア政府とシリアに派遣されたロシア正規軍は、彼らが攻撃されるに任せていた。いくつかの報告によると、200人以上のロシア人が死亡したという。

これはロシアに限ったことではない。たとえば、誰もインドとパキスタンのあいだの敵意に疑いをはさむことはできないが、ヒンドゥー教徒とイスラム教徒の宗教的憎悪でエスカレートした長年にわたるカシミール地方をめぐる争いでさえも、近年では幸いなことに、儀式的な様相を呈している。たとえば、2019年2月、パキスタンに拠点を置くテロリスト集団が、40人のインド民兵を殺害した自動車自爆テロの犯行声明を出した。双方は頻繁にテロリストを代理部隊として使用しており、案の定、インドはパキスタンに責任をなすりつけた。2週間も経たずに、インドの軍用機が国境を越えて攻撃を行い、テロリストの訓練キャンプに命中したと声明を出した。パキスタンは正式に報復した。インドの戦闘機１機が撃墜されたが、双方の攻撃を詳しく調べると、どちらの側の爆弾も実際には何にも命中していないことが判明した。これは、パイロットが恐ろしく無能だったからではなく、実際には非常に手の込んだ危機管理を示している。両国は実力行使を示唆して国内感情に配慮したが、流血をともなう深刻な関係悪化は回避したのである。

私たちは調和と善隣友好の時代を生きているのだろうか？　もしそうならどんなにいいだろう。ウクライナ人、シリア人、アフガニスタン人、ナイジェリア人、カシミール人、ソマリア人に聞いてみてほしい。冷戦は多くの敵対関係や対抗意識を単一の対立へと収斂（しゅうれん）させたが、冷戦後のポスト・イデオロギーの時代もまた、深刻な葛藤を抱えた時代であると言える。緊密な同盟関係にある国々でさえ、貿易協定や技術競争力、優先権や威信をめぐって激しく競い合っている。もしも今、本当の敵がいないとしたら、悲しい帰結として、本当の味方もいないということにもなるのだ。

これを書いている時点で、アゼルバイジャンとアルメニアは、両国の国境地帯にあるナゴルノ・カラバフの領有をめぐる短くも激しい戦争を終結させたところだ。言うまでもなく、武力戦争の時代は完全に過去のものとはなっていないので、本書の最後でこの話題にふたたび言及しようと思う。冷戦終結以降、国家間の戦争がまれになったのは喜ぶべきことであるが、私たちは武力衝突以外の激しい対立にも目を向けなければならない。実のところ、資本主義対共産主義という（しばしば不毛な）二項対立の終焉によって、多くのややこしい競争と対立が解き放たれ、さまざまな代替領域へと昇華した。なかには、ある種のはけ口と解決方法をいまだに必要としているものも存在する。だが、より驚くべきことは、これはすべての人間や国家に対する（ある種の）全面戦争であり、その戦争の形態や強烈さは多岐にわたっているということだろう。誤解を恐れずに言えば、この新しい戦争方法は絶え間なく続く争いのひとつであり、そのために召集された軍隊は、多くの場合否認可能で非暴力的である。そして、すべての国は、条約の締結も停戦の検討もかなわないまま、互いに争わなければならないのだ。

推薦図書

すでに言及した本の他に、ヒュー・ストラカンの作品集 *The Changing Character of War*（OUP, 2011）は包括的な概説書であり、歴史学者マーガレット・マクミランの *War: How Conflict Shaped Us*（Profile, 2020）（『戦争論――私たちにとって戦いとは』２０２１年、えにし書房）は同じ話題を戦争と社会の相互作用という別の角度から考察している。法と政治術の関係についての本は、退屈で高価な場合が多いが、マイケル・ハワードの *The Laws of War: Constraints on Warfare in the Western World* (Yale UP, 1995) は、ありがたい例外だ。ただ、内容は古くなってきている。クリスティーン・チンキンとメアリー・カルドーの *International Law and New Wars* (CUP, 2017) は最近出た本だ。ローレンス・フリードマンの *The Future of War: A History* (Penguin, 2018)（『戦争の未来――人類はいつも「次の戦争」を予測する』２０２１年、中央公論新社）は、私たちがいかに紛争の発展を予測するのか、しばしば予測を外すのはなぜかについて論じた本であり、あらゆる憶測に対する有意義な修正である。

第3章 兵役プラスとギグ地政学

ソマリア内戦は１９９０年代の国家崩壊の原因となり、ソマリア領海はよそ者による産業規模の違法漁業への道を開いた。漁獲資源は減少し、中央政府の支援や規制を期待できないソマリアの漁業共同体は、それまでの暮らしが維持できなくなった。当初、彼らは団結して武装警備隊を結成し、外国のトロール船の侵入を阻止しようとした。しかしすぐに、ＡＫ-47ライフルとＲＰＧ-7グレネードランチャー――地元の闇市場で１０００ドルくらいするだろう――を持った一握りの男たちが、数百万ドルの貨物を積んだ非武装の商船に乗り込んで拿捕し、身代金を要求するようになった。ソマリアの長い海岸線はアフリカの角［アフリカ大陸北東部、サイの角状に突出する地域］を取り囲んでおり、角の先にはインド洋とアラビア半島、そしてスエズ運河を経由して地中海を結ぶ、世界屈指の交通量を誇る海上貿易ルートが存在する。世界の貿易と船舶数に占める割合はおよそ20パーセントだ。ターゲットは豊富だった。ある報告によると、２００８年に40隻の民間船が拿捕され、各船に対して50万〜２００万ドルの身代金が要求された。民間船が海岸から遠く離れて航海するようになると、海賊は高速ボートの長距離母船にするためにトロール船を艤装した。民間船は、有刺鉄線、緊急避難用の小部屋、消火ホースで守りを固め、さらに武装した護衛まで乗せるようになった。２０１１年頃には、この問題は配送の遅延と送料の高騰により69億ドルもの損失を出した。

被害があまりにも大きいので、各国は海軍によるソマリア沖の海上治安活動を実施した。第１５０および第１５１合同任務部隊やＥＵ主導のアタランタ作戦の派遣部隊など多国籍の軍事作戦の他に、中国、インド、ロシアは独自に海軍を派遣した。長いこと領海外への軍事派遣に消極的だった日本でさえ、海上自衛隊の艦艇を派遣した。使用される手法は劇的に変化した。２０１０年、ロシア海軍の駆逐艦〈マーシャル・シャポシュニコフ〉の海兵隊員が、シージャックされたリベリア船籍のロシアのタンカー〈モスコフスキー・ウニベルシチェート〉を解放すると、ロシア国内は熱狂した。海賊たちはゴムボートで３００海里（約５６０キロ）漂流し——水と食料はあったが航行装置はなかった——死亡したと見られる。何はともあれ、各国の軍事作戦はおおむね成功した。２０１３年頃には、海賊行為は9割以上減少した。

実のところ、兵士は戦闘以外の任務に駆り出されることが多い。彼らは道路を造り、溝を埋める。雪崩に埋もれた登山家や洪水で取り残された子供を助ける。視察に来た政府高官を演習で唸らせ、最新のミリタリーキットを見込み客に披露する。見事な軍事パレードや入念に準備された照明弾で人々の気をそらす。今日、彼らはおんぼろのボートでやって来た移民をさまざまな方法で追い返したり救助したりし、落ちこぼれの若者がストリートギャングのメンバーになったり無職になったりするのを防ごうとしている。2020年の新型コロナウイルスのパンデミックでは、イギリスの兵士がマスク、防護服、検査キットを医療機関に配布し、スペインの空挺部隊がマドリードの路上で外出禁止令を実施するため配置に就いた。「ロシアより愛をこめて」というフレーズを掲げたロシアの軍用トラックは、軍の医療スタッフと医療機器を被害が深刻なイタリアの町に供給した。こうしたロシアのソフトパワー作戦は「ウイルス外交」と揶揄された。兵士が国策や公共のニーズの非常に多くの面に巻き込まれるということは、安全保障の普遍化を反映しており、それ自体が〝あらゆるものの武器化〟の前提条件のひとつである。兵士は安全保障の名のもとにさまざまな任務に駆り出される。そして同じ理由から、他の団体や個人も「安全保障を行う」ために動員される可能性があるのだ。

スイス・アーミーナイフ

これは、兵士が国家にとっての「究極のスイス・アーミーナイフ」、すなわちあらゆる用途に使用可能な多機能ツールになっているということだ。兵士はこのような表現を不快に感じるかもしれない。だが、現代の国軍は、所有している武器に高い値札がつけられていることを正当化するため、自分たちの価値や妥当性をこうした「兵役プラス」（あるイギリス軍の将校はこのように表現した）で示す必要があると強く意識している。その証拠に、国家は〝あらゆるものの武器化〟に適応するようになると同時に、自らの地政学的な影響力を保護・投影・維持するための兵士の活用法に関してより創造的になっている。しかし、これは兵役か否かの境界が曖昧になっていることだけを示しているわけではない。安全保障か否かの境界、さらには国家と社会を守るための適切な手段が何かということすら曖昧になっていることも示しているのである。

ルネサンスの政策マニアであり、政治家や著述家でもあったニッコロ・マキャヴェッリは、『政略論』（1517年）のなかで「金貨がよい兵士をもたらすとは限らないが、よい兵士は常に金貨をもたらす」と述べている。彼は、イタリアの都市国家が傭兵を雇って相争うという当時の慣例に逆らって自説を主張していた。結局のところ、この慣例は、しばしば実質的な保護恐喝（上納金の取り立て）が横行し、まったく無能でやる気のない保護者が台頭する原因になった。その一方でマキャヴェッリは、有効な軍事力――「優秀な兵士」――をたくみに使えば、金貨や国家が切望するその他の資産を確実に得られるという非常に重要な方法を思いついた。金になる資産がある領土を公然と征服し、それらを思いのままに利用する時代は過ぎ去ったのかもしれない（サダム・フセインが１９９０年にクウェートに対して短期間の侵略を行ったことは、金のために露骨な土地収奪をする最後の例だったと言える。ロシアのクリミア併合は主として政治的な理由だった）。だが、軍事力を収益化する方法には他にもさまざまなものが存在する。

その結果、現代は相互に関連し合うふたつのプロセスが進行中だ。まず一方で、兵士の果たす役割が増加している。これは部分的には「安全保障」の概念が拡大しているためだ。また、食料供給からメンタルヘルスの提供、石油の備蓄、メディア・リテラシーの授業にいたるまで、あらゆるものが安全保障化されているように思われる。これは部分的には、ずさんな思考や無節操な便乗主義のせいだが、本書でこれから示すとおり、現代世界でほぼすべてのものが武器化され得るという懸念は、真実を突いているからだ。兵士はこれらの広範な脅威に対処する能力を持っているかもしれない。だがたとえそうだとしても、彼らが自分の能力を存分に発揮できるかどうかは別の話だ。スイス・アーミーナイフが非常に優れた道具であることには異論はないが、さらに便利にしようとして、盆栽用の熊手や拡大鏡などを追加するとなると、その本質を見失うだろう。多くの場合、スイス・アーミーナイフにこだわってそのメリットを台無しにするよりも、特別に設計された別の道具を使用するほうが賢明な選択だ。

それと同時に、スパイ活動から戦争にいたるまで、かつては政府機関の役割と見なされていた安全保障の分野の民間への委託が急速に進んでいる。アウトソーシング、オフショアリング、ギグエコノミー——私たちの経済を再形成するこれらのプロセスはみな、地政学にも現れている。これは、法人の軍隊が帝国の植民地を警備した時代（１８００年、イギリス東インド会社の軍隊の大きさはイギリス陸軍全体の2倍であり、会社が保有する軍艦の装備もイギリス海軍のものより優れていた）や、大使が単なる文官ではなくたいてい商人だった時代、さらには海賊や追いはぎが代理で戦争を行うことがあった時代など、古い時代の慣習への回帰と考えられなくもない。兵士が無自覚に会社を支援し、会社が無自覚に兵役につく可能性がある時代、それが現代なのだ。

兵役プラス

近頃の兵士は、従来型の国家間戦争に駆り出されることは減ってきているのかもしれないが、何よりも彼らは「緊急サービスの優秀な補助者」であるため、多くの新しい役割を担当している。カリブ海地域では、麻薬カルテルが進化しており、密輸を阻止するため米英の海軍が尽力している。１９９７年、マイアミのナイトクラブを運営するロシア人のギャング兼起業家、高級車のディーラー、キューバ系移民で裏社会の用心棒であるネルソン・〝トニー〟・イェスターという一見縁のなさそうな3人が、麻薬カルテルの「カリ」に旧ソ連時代の潜水艦を3500万ドルで売却する取引を仲介しようとした。その取引は中止になったが(「無法な1990年代」でさえ、ロシア製の潜水艦がイーベイに出品されることはなかった)、それ以来、カリは独自に潜水艦の製造を行っている。

他の場所では、この章の冒頭で述べたように、海軍は海賊ハンターとしての昔の役割に戻っている。これはソマリアに限った話ではない。ヨーロッパの貿易船の大部分が通過している西アフリカ沖のギニア湾でも、近年海賊の脅威が増しており、2020年だけで200件以上の被害が発生した。南シナ海、マラッカ海峡、シンガポール海峡でも海賊が横行していて、中国が海賊討伐作戦を実施しているが、中国の真の狙いはこれらの海路の軍事化を正当化することにあるのではないかという懸念がある。

だが、兵士はただの筋骨たくましい海上警察官というだけではなく、医療関係者や災害救助専門家でもある。2004年のスマトラ島沖地震や2011年の東日本大震災、あるいは地震で壊滅的な打撃を受けたあとに飢餓とコレラが蔓延した2010年のハイチには、二十数カ国の軍関係者が派遣され、救援物質の配達、生存者の救助、食料の配給、応急処置所の設置などを行った。平和維持は戦力投射にもなり得る。1990年、国連の全平和維持活動に参加する中国人スタッフは5人しかいなかったが、2020年になる頃には、中国は10番目に大きい派遣国になった(また、国連の全平和維持予算の15パーセントをカバーしている)。これは何にもまして、中国が世界の大国という新しい地位を知らしめる方法であり、国連活動でさらに大きな利害関係を獲得する手段でもあった。さらに直接的には、ナゴルノ・カラバフ［アゼルバイジャン西部の地域］をめぐる2020年のアルメニア・アゼルバイジャン間の紛争の終結は、ロシアが調停役を引き受け、ロシアの平和維持軍によって保障されている。この戦争、とりわけアゼルバイジャンを支援するトルコの存在は、この地域に対するロシアの優位性を弱体化させたように見えたが、ロシアは約2000の機械化部隊を派遣することで、威信と影響力をどうにか取り戻した。つまり、ナゴルノ・カラバフは人道主義、ソフトパワー、軍事力が交差する場所なのだ。

政治的な戦士

1976年、イスラエル軍はウガンダの空港に奇襲攻撃をかけ、パレスティナのハイジャック犯を射殺した。彼らの目的は人質の解放だけではなかった。将来のテロリズムを阻止するためなら、どんな場所であろうと攻撃する意思と能力があることも示そうとした。1897年、イギリスはアフリカのベニン王国へ遠征を行った。表向きはイギリス人が現地の住民に殺害されたことの報復だったが、実はベニン王国による貿易の独占を打ち破る狙いもあった。つまり、イギリスは――またしても抑止が理由だが――誰も自国民を殺す権利を持っていないことを示そうとしただけでなく、貿易のことも念頭に置いていたのだ。兵士はいつの時代も国家の政治的な利益と優先事項を表現するための強力な手段である。彼らを使用することは、何にもまして有効な威嚇になる。政治戦の時代において、その重要性はさらに高まっている。「よい兵士」はさまざまな地政学上の「金貨」をもたらす。それらは多くの場合、怒りに任せて弾丸を一発も撃つことなく得られるのだ。

現在はソフトパワーの時代であり、魅力（「あの国のようになりたい。あの国に好きになってほしい」）や正当性（「あの国は正しい価値観を持っている。歴史の望ましい側にいる」）や議題設定（「あの国は適切な疑問を提起している」）が、他国の行動に影響を与える手段になっている。大量虐殺の阻止や平和の確保のために自国の兵士を他国に派遣することは、当然の成り行きとして、解決困難な現地の敵討ち（ヴェンデッタ）に彼らが巻き込まれるリスクを負う。（今のところ）唯一の超大国であるアメリカは、そのような微妙なバランスに首を突っ込むことが多い。たとえば、２００７～08年にアメリカ・アフリカ軍（ＡＦＲＩＣＯＭ）を設立したが、当初の構想は、戦争組織ではなく、軍事的なソフトパワーのハブになることだった。しかし現実のＡＦＲＩＣＯＭは、東アフリカのアル・シャバブやナイジェリアのボコ・ハラムなどのジハード主義者に対する対テロ作戦に参加せざるを得なかった。そしてそれは、権威主義的な政府と連携することや「巻き添え被害」が必然的に生じることをしばしば意味していた。AFRICOM発足後、何百もの空爆とコマンド作戦が実行されたが、アメリカは、民間人の犠牲者は2人だけだったと主張している。だが、これには異論が多い。またAFRICOMが、軍事的手段によるソフトパワーの成功例と見なせるかについての結論もまだ出ていない。

公正を期して言えば、これらは通常、味方を作ることや他人に影響を与えることのベストな方法ではない。兵士は、実際に戦闘を行わなくとも、「ハードパワー」の強制のほうが優れている場合が多い。マキャヴェッリに再登場願おう。『君主論』（1513年）——広く考えられているような「独裁者のためのハウツー本」ではなく、風刺作品と呼ぶほうがふさわしい——のなかで、彼は「愛されることと恐れられることのどちらがいいのか？」と問うている。彼は自分で次のように答えている。「その両方を望む人がいるかもしれない。だが、その両方をひとりの人間が併せ持つことは難しい」。もし選択しなければならないのなら、「愛されることよりも恐れられることのほうがはるかに安全である」（本質的に人間は、恩知らずで、気まぐれで、嘘つきで、臆病で、欲張りで、信頼できないからだ）。興味深いことに、彼は、君主は恐れられても、嫌われないようにしなければならないと付け加えている。君主は専制政治において信頼でき、正直で、率直でなければならないのだ。

それゆえに軍隊は、「恐怖の源」という最も基本的かつ明白な形の政治的手段でもある。それが、敵に攻撃を思いとどまらせる抑止力の本質だ。しかし、政治戦の時代には、この心理的兵器を行使するためのより複雑で調節された方法が存在する。たとえば、パレードは壮観さや演出で脅威をごまかすことができるが、ときにその脅威が意図的により露骨になることがある。「現代の反逆児」という立場を受け入れているかのように見えるロシアは、失うものがほとんどないこともあってか、私が以前別の場所で「ヘヴィメタル外交」と呼んだものに強いこだわりを見せており、NATO空域に爆撃機を接近させることだけでなく、周辺国への核攻撃演習まで実施している。第10章で述べるが、この種の「ダークパワー」は、それ自体が軍隊によって遂行される一種の暴力的な高圧外交になり得るのだ。

バランス（シート）・オブ・パワー

軍事力と政治的影響力のあいだには双方向のプロセスがある。一部の国は、自国民が民間の軍事会社に採用されるのを認めるだけで金を稼ぐことができる。たとえば、2016年頃、ウガンダ最大の輸出品は傭兵と武装警備員になった。彼らは国際収支にとってコーヒーよりもはるかに価値があり、世界中の紛争地域にいる国際援助従事者、ビジネス関係者、アメリカの外交官を護衛している。だがこれは、財政的または政治的利益をあげるために、軍隊から領土までの政府のさまざまな資産を使用できるセクターでもあるのだ。

イギリスが、大英帝国と縁もゆかりもないように見える、はるか遠方の南大西洋に浮かぶアセンション島――34平方マイル（約88平方キロ）の火山岩――やモーリシャス沖のチャゴス諸島――魚とココナッツが主要資源の環礁――の領有にこだわったのは、他国がこれらの海外領土に興味を示していることを知っていたからに他ならない。アセンション島は、１９８２年のフォークランド紛争において、イギリス遠征軍の重要な集結地となったが、それ以来この島は、NASAおよびアメリカ空軍の観測所、４つの全地球測位システム（GPS）の地上局のひとつ、欧州宇宙機関（ESA）の追跡基地、さらにはアメリカ国家安全保障局（NSA）と連携しているイギリス政府通信本部（GCHQ）電子機密情報収集施設が存在するきわめて重要な場所になった。チャゴス諸島について言えば、島のひとつであるディエゴ・ガルシア島に現在大規模なアメリカの軍事基地があり、この地域におけるアメリカの軍事プレゼンスの拠点になっている。ディエゴ・ガルシア島の戦略爆撃機は、アフガニスタンやペルシャ湾に出撃し、第2海上事前集積船隊の船は、湾岸戦争の際に海兵隊の旅団をサウジアラビアへと運んだ。また島には、第20宇宙管制隊の地上設置型電子光学式深宇宙探査（GEODSS）システムがあり、ロシアと中国の衛星を追跡している。これらのことはすべて、イギリスから租借しアメリカが建設した施設で行われているが、施設に自由にアクセスできるのはイギリスだけだ。

より直接的には、ジブチ共和国は、ニュージャージー州よりもわずかに広い開発途上国だが、それでも紅海とバブ・エル・マンデブ海峡におけるその戦略上の立地は、海軍基地にとって絶好の場所となっている。フランスがこの地に海軍基地を建設し（アメリカにそれをリースしている）、イタリア軍や日本の自衛隊の海外拠点になっている。これらの拠点の使用料はジブチのGDP全体の5パーセント以上を占めており、中国が独自の海軍拠点を建設することを認めたのも、新しい商業港を建設するためだった。中国の軍隊はジブチに金を投じて影響力を手に入れた。ジブチは他国の戦略的利害を利用して利益を上げた。

国家それ自体が、傭兵会社として独自に行動する場合もある。2020年初めの時点で、さまざまな国連平和維持活動（PKO）に「ブルーヘルメット」として関与した兵士の数は9万人以上だった。派遣国の上位6カ国はパキスタン、インド、ネパール、ルワンダ、バングラデシュ、エチオピアであり、エチオピアがトップだった。国際通貨基金（IMF）によると、ひとりあたりのGDPでは、エチオピアはこの6カ国のなかで最貧国であり、186カ国中161位に位置している。ならば、エチオピアは利他的行為における世界的なリーダーなのだろうか？　そんなことはない。国連は、兵士ひとりにつき月額約1500ドルの定額支給を行うが、その支払先は軍を提供する国であって、派遣される兵士ではない。この手当は、イギリス陸軍の兵士ひとりの基本給と食料を賄うには不十分だが、月額275ドルのエチオピア人の平均給与と比較すれば非常に高額だ。そのため、国連からの支給と自国の兵士に支払う給与の差額は、政府の貴重な収入源になっている。同時に、エチオピアは海外派遣を自国の兵士が訓練と経験を積む場としても活用しており、結果として、スーダンや南スーダンといった紛争の火種を抱える近隣諸国に対するエチオピアの存在感は増している。

話を広げると、イラクがクウェートに侵攻したとき、サウジアラビアやアラブ首長国連邦などの近隣諸国は、次は自分たちがターゲットにされると恐れたが、アメリカ主導の多国籍軍が問題を解決してくれると知って喜んだ。これらの国々の多くは湾岸戦争で大きな貢献ができる軍隊を持っていないか、サウジアラビアに関して言えば、戦争そのものに消極的であったため、二重の意味で歓迎された。その代わりとして、彼らは戦闘の大部分を引き受けたアメリカ、イギリス、フランスに対して840億ドルを支払い、さらに基地と兵站を賄うために追加援助をしなければならなかった。戦争に参加した国々が実際に戦争で利益を上げたことや、支援によって意欲的になったことを誰も指摘しようとしなかった。だが、裕福であるが軍事的に弱い、または独りよがりな国が、暴力——そして死——を外注できることは、傭兵隊長がイタリアの都市国家の代理として戦争を行った時代を生きたマキャヴェッリならわかっていたことだろう。

戦争の外注化

だが、傭兵が傭兵でない場合は？　２０１５年、ロシアの戦闘機がシリア内戦に参加したとき、民間軍事会社ワグナー・グループの新しい地上戦闘部隊が話題になった。傭兵組織はロシアの法律で禁止されているが（そのためワグナーはアルゼンチンで登録されたと言われている）、ワグナーはサンクトペテルブルクにオフィスを持っており、ロシアの軍事基地の敷地内で実際に訓練キャンプを行っていた。さらに驚くべきことに、潤沢な資金があって最近除隊された空挺部隊、特殊部隊のスペツナズ、および同様のエリート退役軍人を多数採用できた。ワグナーは、反政府勢力に対するシリア政府の反撃における先兵となった。

しかし、２０１７年になる頃には、何かが変わった。ワグナーはもはや最高額（トップダラー）（あるいはトップルーブル）を提供することができず、そのためまったく同じ品質の兵士を採用して抱えておくことができなかった。また、兵士の装備も最新鋭ではなかった。思いがけず、ワグナーはシリア政府とある取引で交渉することになった。その内容は、ワグナーが油田とガス田を奪い返したら、その利益の分配にあずかれるというものであった。これは、２０１８年2月に係争地域であるデリゾールに行くための運命的な一歩となった。ワグナーの傭兵部隊は、油田を占領しようとする合同部隊のメンバーとしてその地に着いた。彼らは反政府勢力と一緒にアメリカ軍がいることを知らず、気にもかけていなかったらしく、第1章で述べた大敗北につながった。ワグナーはシリアでの作戦を縮小したが、ほどなくしてベネズエラからモザンビークにいたるまで世界のあちこちで作戦を展開するようになった。今では、モスクワに雇われるのではなく、公然と現地政府と交渉を行っている。

いったい、何が起こったのか？　初めてシリアに展開したときのワグナーは、ロシアにとって否認可能な兵器にすぎなかった。何よりもそれは、国内で否認可能という意味だった。ロシア政府は、自国民がロシア軍の紛争介入に興味がなく、遠く離れた好ましくない体制の国で自分の息子たちが命を危険にさらすことに批判的であることを理解していた。ワグナーはシリア軍の主力を強化するために欠かせない襲撃隊を提供できたが、厳密に言えば、シリア政府のために働く、純粋な商業ベンチャーだった。仮に死者が出たとしても、公式発表も軍葬も必要ない。何の見世物にもならない。彼らはしばらくのあいだ重宝された。しかし２０１７年になる頃には、生意気で統制が取れておらず、無駄に高給取りの彼らをロシア軍は必要ないと感じていた。

だがロシア政府は、ワグナーはまだ別の場所で使えると考えた。表向き民間企業を装うワグナーは、エフゲニー・プリゴジンという実業家が運営していた。プリゴジンはロシア政府がふたたび傭兵を必要となる場合に備えて、ワグナーの運営継続を委任されていた。傭兵会社の維持費は安くはない。プリゴジンは新しい収益源を探さなければならなかった。デリゾールでの契約には、こうした背景があった。言わば偽の傭兵会社は、将来ふたたび否認可能な偽装組織になる可能性があることは承知のうえで、リアルな傭兵会社になったのだ。現代世界では、非常に多くの関係者が変幻自在に複数の役割をこなし、しばしば複数の雇い主と契約関係にある。

近年、傭兵はふたたび注目を集めている。当初、彼らは民間軍事会社の請負業者としてイメージを一新した。直接的な戦闘活動に通常は参加しないという点で彼らは「傭兵」ではなかったが、施設の警備や補給車両の運転、偵察機の飛行、協力者のトレーニングにいたるまで、それ以外もさまざまなことを行っている。現在、民間軍事会社は1000億ドル以上の価値があるグローバル産業であり、現代の多くの紛争にますます重要な存在になっている。1990年代には、請負人ひとりにつき約50人の政府軍兵士がいたが、10年以内にその比率は10対1に近づいた。その主な原因はアフガニスタン戦争とイラク戦争だった。過酷な局面では、その比率はいっそう顕著だ。両方の戦争のピーク時は、現場にいるアメリカ兵ひとりに対しておよそ1・5人が請負人だった。

そうした状況を踏まえると、政府がコピー機のメンテナンスや刑務所の建設、道路の清掃と同じ原則を戦闘にも適用することは避けられないことだろう。イタリア・ルネサンスの外注化された戦争では、傭兵隊長は契約(コンドッタ)に由来する「コンドッティエーリ」と呼ばれていた。今日の戦場も請負業者によって形作られるようになっている。今はアメリカの悪名高い民間軍事会社であるブラックウォーターのような巨大企業が跋扈する時代だ。彼らは不祥事が臨界質量に達すると社名を変更するポリシーらしく、Ｘｅと名前を変えたあと、アカデミにリブランドした（本書が世に出るときはどんな名前になっているのだろうか）。たとえば、アメリカの多国籍企業ハリバートンの一部門であるケロッグ・ブラウン・アンド・ルートは、２００５年頃には、イラクで最大の民間軍事請負業者になった。そのために、アメリカ政府は１３０億ドルを支払ったという。インフレを考慮に入れても、これは、アメリカ独立戦争、米英戦争、米墨戦争、米西戦争（アメリカ・スペイン戦争）を合わせた費用に相当する。

国連でさえ、その使命を守るために民間のセキュリティ会社を雇っている。１９９４年、ルワンダで大量虐殺が始まったとき、どの国も介入する姿勢を見せなかった。そこでＰＫＯ担当国連事務次長（当時）であるコフィー・アナンは、ルワンダに介入するために、世界最大級の民間軍事会社であるディフェンス・システムズ・リミテッド（ＤＳＬ）を雇うことを検討した。彼は最終的に「世界は平和維持活動を民間セクターに移管する準備ができていないと思われる」と言って思いとどまったが、世界が戦争の民営化にふたたび乗り気になっていることは間違いないようだ。

これまでのところ、西側の民間軍事会社の役割は戦闘ではなく支援にとどまっているが、ロシアは他の日和見主義の国々が追随している道を切り開いてきた。リビアでは、トルコとロシアの双方が、内戦の対立勢力を支援するために、それぞれシリアから兵士を雇って配備した。イランはシリアで戦うためにアフガニスタン人の部隊を立ち上げた。アラブ首長国連邦のブラック・シールズ・セキュリティ社は、イエメン内戦で戦うためにスーダンの傭兵を雇った。トルコは、2020年のアゼルバイジャン・アルメニア間の戦争でアゼルバイジャンに味方するため、シリアの傭兵を派遣した。

西側はとてもそんな方法を採用することはできないと思うかもしれない。だが、シリアの反政府勢力であろうとイラクの部族民兵であろうと、地元の代理人に金と武器を提供して戦わせるという昔からある戦術とどれほど違うのかを考えてみてほしい。コンドッティエーリの時代は、間違いなく戻ってきたのだ。未解決の問題は、地政学的な政策が独善的になりつつある中国が、どう出るのかということだ。一帯一路を推進する中国は、インフラ開発、レバレッジド・バイアウト［借入資本によって企業や株式を買い取ること］、危険なほど寛大な融資といった約1兆ドルの投資計画をアジアやヨーロッパやアフリカの65カ国に対して行っているが、この「新しいシルクロード」は組織化が進んでおり、自国の常勤の民間軍事会社が保護している。中国の法律は彼らが海外で武器を使用することを禁止しているが、それにもかかわらず銃を所持している姿が見られてきた。中安保実業集団、山東華為保安集団、そしてかなり驚くべき名前のジンギス・セキュリティ・サービスなどの急成長中の企業は、しばしば人民解放軍や保安機構と近い関係にあるだけでなく、彼らのクライアントの多くとも密接に結びついている。イギリスのある元諜報員が私に次のように言った。「中国企業は超資本主義的な組織だが、どの企業も結局のところ中国共産党のために活動している」。そして少しずつ、彼らは武装しているのだ。

ギグ地政学

アウトソーシングは直接的な戦争を越えて、非キネティックな紛争にも及んでいる。たとえば21世紀になって、ギグエコノミーが爆発的に拡大した。これは、直接的、あるいはオンラインのプラットフォームやサードパーティの仲介業者を通じて、個々のフリーランサーや臨時雇いが仕事を受注する働き方のことだ。ピザの自転車宅配と紛争を対比するのは無茶苦茶だと思うかもしれない。しかし、些細な事柄を無理やり政府批判につなげようとするメディアの偏向報道から世論の対立が起こったり、ヘアケア製品を宣伝していたオンラインの「インフルエンサー」が急に政治的主張を始めたりすることがある時代にあって、これは突飛な考えではない。現代は多国籍企業、大衆社会運動、強力な政府の時代と言えるかもしれないが、技術的、社会的、政治的変化の同時発生は、現代が個人の時代であることも意味している。そして、そうした個人の多くは雇われ仕事に従事している。

いつの間にか、世界は国家の仕事を担っているかに見える人々でいっぱいになった。だが、彼らは直接雇用ではなく、イデオロギー的な献身や愛国的な情熱からその仕事を行っているわけでもない。ヒット作品を書くよう雇われたジャーナリスト、助成金欲しさに都合のいいことを言う学者、注文に応じて提言書を作成するシンクタンク――。地政学においてウーバーに相当するものはまだないだろうが、ロビー活動や戦略的コミュニケーション（私が皮肉屋なら、これを自分たちでやる場合に「プロパガンダ」と呼ぶよう提案するだろう）に相当するものはあり、類似のコンサルタント会社やサービス会社がしばしば仲介者の役割を果たしている。

反体制派のサウジアラビア人ジャーナリスト、ジャマル・カショギが2018年10月にトルコにある自国の大使館に足を踏み入れたとき、サウジアラビアの警備員に捕まり、絞殺され、骨のこぎりでバラバラにされた。これはカショギにとって悲劇だったが、サウジアラビアの皇太子ムハンマド・ビン・サルマンが、恐怖と憎悪の波を食い止めるために当てにしたグローバル・ネットワークにとっては思いがけない儲け話だった。翌年、サウジアラビアはPR作戦、ロビー活動、評判管理に推定2000万ドルを費やした。その大部分は、表向き政府とは関係のない専門家、ジャーナリスト、評論家を雇っている会社に流れた。彼らは、改革派と言われている皇太子の資質を褒め称え、殺人を異常者による犯行と断定し、サウジアラビアが西側と同盟関係を維持することの重要性を強調し、だいたいにおいて、世界のナラティブ戦場における不都合な情報と戦うことをいとわなかった。

スパイ活動の外注化

スパイ活動の大部分は常に外注されてきた。物腰の柔らかいジェームズ・ボンドや、無慈悲なジェイソン・ボーンが、敵基地に侵入するまえにカクテルを少し味わうようなものとは違い、典型的なヒューミント［人物に接触して情報を得る諜報技術］のケースオフィサーは採用担当者であり監督者である。率直に言えば、彼らの任務は外国人と親しくなって祖国を裏切るよう仕向けることだ。ケースオフィサーは通常、大使館で正体を隠して任務にあたっており、外交特権によって保護されている。実際のスパイ活動――文書のコピー、会話の盗聴、その他求められるあらゆること――を行っているのは、彼または彼女が現地でスカウトする協力者（アセッツ）だ（そして彼らは、自分が働いている国の種類に応じて、投獄されることから後頭部を銃で撃たれることまであらゆる危険を冒している）。

戦争と同様に、ケースオフィサーの――そして、情報網全体を管理することの――任務そのものは、かつては才能のあるアマチュアや信頼できる集団、金で動く外国人が行う専門技術である場合が多かった。その後、国家の官僚化と専門化が進むにつれて、公務員の仕事になったが、ここでも外注化への回帰が見られる。技術が進歩し、衛星国や工作船、電話の盗聴、電子通信の傍受がセルラー通信とサイバー諜報活動によって補完され、重要性が低下したためで、おそらくこれは避けられないことだったろう。そのうえ、とくにアメリカでは、9・11の攻撃によって「テロとの戦い」の諜報支援に対する突然の抗しがたい需要が生じたとき、これが10年間にわたって活動を縮小していた諜報コミュニティが迅速に対応できる唯一の方法だった。外注の担当者に現代ペルシャ語を教え込んだり、ウクライナのキーウからアフガニスタンのカブールに一晩で配置転換したりはできないが、既存の専門知識を生かすことは期待できる。しかし、短期的な対応は長期的な依存関係になった。アメリカ国家情報長官室の2007年のプレゼンテーションには「我々はスパイ活動を行えない……（彼らと）契約できなければ！」と書かれていた。

そのときまでに、アメリカの諜報予算の7割が民間の請負業者に流れようとしていた。ITシステムの構築から電話データの収集まで大部分は専門的なことであり、相変わらず分析作業が中心だった（悪名高いエドワード・スノーデンは、アメリカ諜報業界の大企業であるブーズ・アレン・ハミルトンと契約を結び、アナリストとしてNSA内部で働いていた）。もちろん、一口に「分析作業」と言っても、中国政治やボリビア経済に関するレポートを作成することから、監視フィードの調査に基づいてドローン攻撃の目標を定めること、外国のコンピュータ・ネットワークの脆弱性を発見することまで多岐にわたる。さらにヒューミント担当までもが契約を求めている。ピーク時には、アフガニスタンにおけるアメリカの諜報活動の大部分は、「ブルーバッジ」

の政府スパイではなく、「グリーンバッジ」の請負業者によって行われていた。イラクの悪名高いアブグレイブ刑務所での尋問の4分の3もそうだった。

アメリカのグローバルな野心を考えれば、これは同国の諜報コミュニティの特徴だが、アメリカに限った話ではない。結局のところ、成長中の民間諜報セクターを折に触れて利用することの何が悪いのだろう？　多くの国がインテリジェンスの分析を国際的な専門家に外注している。イスラエルのNSOグループやイタリアの（なんとも形容しづらい名前の）「ハッキングチーム」といった技術スパイ企業は、サウジアラビア、トーゴ、ベネズエラ、さらにはスペインなどの政府に、反体制派の電話を盗聴したり、海外のメッセージをハッキングしたりするサービスを提供している。アラブ首長国連邦は、イギリスの批判的なジャーナリストを標的にするために元NSAのハッカーを雇った。ロシア政府は、ソ連崩壊時に横領された金を追跡するためにアメリカの調査会社クロール・アソシエイツと契約した。これは、旧KGBがこの産業規模の窃盗の中心であったため、国内の諜報機関に頼れないか、頼りたくなかったのだ。

他の分野では、外注化はいっそう曖昧になっている。第6章で述べるが、ロシアの諜報機関はますます裏社会の協力者に頼るようになり、ヨーロッパでの暗殺や逃走中のエージェントの引き抜きなどを依頼している。また、ロシアに限ったことではないが、急成長中のハッキングの分野は犯罪の外注化のもうひとつの原因だ。これは間違いなく、認可された会社であれ、多国籍犯罪ネットワークであれ、企業に外注する国家のスパイ行為と、個人があちこちで仕事を引き受けるギグエコノミーが、ぶつかり合って結合する作用の完璧な例である。

そしてここがポイントだ。国家のスイス・アーミーナイフとして軍隊が変質していることと同様に、雇われた「用心棒」やその利害関係の擁護者の権限が拡大していることも紛争や安全保障の概念が変わりつつある現状を象徴している。次章で検討するが、兵士、ハッカー、報道対策アドバイザー、ギャング、弁護士、さらには会計担当者にいたるまで、国家はいまや、他国との争いで展開できる多数の「優秀な兵士」を抱えている。その一部は国家に直接雇われているが、大部分はさまざまな現代紛争業界の請負労働者、下請け契約者、日雇い労働者である。その過程において、明確に区別されていたはずの指揮と管理や、権限と責任が曖昧になる。内閣の作戦司令室だけでなく、ニュース編集室や役員室からも容易に攻撃できるようになる。あなたの国の「兵士」はあなたの国のパスポートを持っていないかもしれない。彼らは自分たちが戦争の渦中にいることや、どちらの陣営で戦っているのかさえわかっていないかもしれないのだ。

推薦図書

傭兵については、ショーン・マクフェイトの *The Modern Mercenary* (OUP, 2015) が、さまざまな点でＰ・Ｗ・シンガーの *Corporate Warriors*（Manas, 2005）（『戦争請負会社』２００４年、ＮＨＫ出版）の続編的な作品である。アンドリュー・トムソンの *Outsourced Empire: How Militias, Mercenaries, and Contractors Support US Statecraft*（Pluto, 2018）は、ガバナンスの外部委託だけでなく、戦闘についても鋭く批判的に評価している。ジョン・ヒレンの *Blue Helmets: The Strategy of UN Military Operations*（Brassey's, 2000）は時代遅れな部分もあるが、いまだこのテーマにおける主要なテキストだ。アンドリュー・パーマーの *The New Pirates*（I.B.Tauris, 2014）とジェイ・バハドゥルのより私的な内容の *The Pirates of Somalia*（Pantheon, 2011）は、海事の面で優れている。

第 2 部

ビジネス、
その他の犯罪

第4章

ビジネス

フィリピン海に浮かぶ500以上の島々からなる熱帯群島のパラオは、紺碧(こんぺき)のラグーン、エメラルドの熱帯雨林、きらめく浜辺で知られており、犯罪率は世界で最も低い。この一見紛争とは無縁なパラオが2017年に紛争地域になった。「経済的な」であるが。当時、パラオ政府は、台湾との国交断絶を迫る中国の要求を大胆にも拒否した。中国政府は、中華民国（台湾）という独立国が存在するという概念そのものを非合法化するために、何年にもわたって積極的な外交攻勢をかけてきた。中国と外交関係を結ぼうとする国はどこであれ、台湾との国交断絶が絶対条件だ。アメリカやヨーロッパ諸国など多くの国は、中国が提示したこの要件を素直に受け入れて台湾と断交したが、事実上の在外公館である「貿易事務所」や「文化事務所」を台湾に設置して、非公式の外交関係を継続している。だが小国パラオは、「ひとつの中国」をいまだに認めていない世界17カ国のうちのひとつだった。これは、自信を強めている中国政府にとって、受け入れられないことだった。

これに先立つ数年間、パラオはのんびり休暇を過ごそうとする中国人富裕層が増加したことで注目を集めていた。2010年、これらのミクロネシアの島々を訪れた中国人は1000人未満だった。しかし、2015年頃には9万人を超え、全観光客の半分以上を占めるようになった。人口わずか2万人の世界最小国であるパラオは、観光業に大きく依存している。GDPに占める割合はほぼ45パーセントだ。中国がチャンスだと考えたのも当然だった。

2017年11月、中国のパック旅行業者はパラオ旅行を中止せざるを得なくなった。それどころか、検閲が厳しい中国の検索エンジンは、「パラオ」を検索禁止ワードにして、中国のインターネット空間から消した。訪問者の数は半分に減少した。にわか景気に対応するために急いで建てられたホテルやレストランは空になり、チャーター機の航空会社は閉鎖した。台湾は毎年1000万ドル以上の資金援助——継続的な外交的承認の代償だった——を行っていたが、これは中国の静かな封鎖によって失われた収入のほんの一部にすぎなかった。

これはまた、パラオに限ったことではなかった。2016年、韓国が弾道ミサイル迎撃システムTHAADのためにアメリカ軍に基地を提供することに合意したが、これに怒った中国は韓国へのパック旅行を禁止した。韓国は9カ月で65億ドルの損害を被った。不気味なことに、ときを同じくして、中国に進出している韓国系企業で数多くの消防および安全規定違反の疑いが浮上した。ロッテが運営するスーパーマーケットの4分の3は、THAADのバッテリーが設置される予定の土地だったが、閉鎖されたか別の影響を受けた。観光やスーパーマーケットでさえも武器化できるということは、グローバル経済の暗部を示している。

禁輸措置

禁輸措置の概念には長い歴史がある。禁輸措置（embargo）は、ラテン語で「閉鎖されたものを除外する」とか「ある物をバリケードでふさぐ」を意味するimbarricareに由来するようだ。しかし、それを戦争の武器として強いるには、貿易の拡大と規制化が必要だった。紀元前3世紀、古代ローマはカルタゴに対して禁輸措置を講じた。1179年の第3ラテラノ公会議で、ローマ教皇アレクサンデル3世は「サラセン人」［中世ヨーロッパにおけるイスラム教徒の呼称］との交易を禁止した。14世紀、ヴェネツィアはエジプトを封鎖することでオスマン帝国を破ろうとした。その目的は、インドの香辛料貿易で儲けていたオスマン帝国の経済を締め上げ、彼らの造船所が木材、鉄、松脂を入手できないようにすることだった。もっとも実際には、儲けが優先されてこれらの禁輸措置は破られることが多かった。20世紀のソ連の指導者ヨシフ・スターリンは、ローマ教皇はいくつの師団を持っているのか、と馬鹿にしたように聞いたものだが、12世紀なら、教皇庁は何隻のガレー船を配備できるのか、という問いかけになっただろう。

国家がビジネスを管理・抑制する新しい力を手に入れるようになったのは15世紀になってからであり、現物交易や即金払いの交易は、信任状という画期的な新しい概念で埋め合わせされるようになった。近代経済の始まりは、近代的な経済戦をもたらした。かつて、ヴェネツィアやオスマン帝国などの強国は、自国の船や兵士で敵国の港湾や通商路を封鎖することが可能であり、密輸業者は闇に紛れてこっそり船を移動させるか、賄賂で検問所を通過しなければならなかった。しかし現在は、ライセンスとクレジットを適切に操作することで、貿易を抑制したり、国家の資金を枯渇させたりすることが可能だ。ヴェネツィア共和国の元首（ドージェ）であるアンドレア・コンタリーニは愉快そうに次のように言った。「我が国の富と商売力は、我が国の船や兵器と同じくらい強力になった」

17、18世紀の経済戦の主要な手段は、私掠船（しりゃくせん）を使うこと、すなわち公認の海賊に敵国の商船を襲わせることだった。イギリスは、第1次英蘭戦争（1652〜54年）でこの方法を大いに活用した。あるオランダの大使は「イギリス人は金（きん）の山を攻撃しようとしているが、我々は鉄の山を攻撃しようとしている」という先見の明がある言葉を残している。最終的に、「イギリスの海軍力」という鉄は、私掠船が護送船団を拿捕するという形で、オランダの大量の金を食いちぎった。被害にあった商船は全体で1000隻以上と言われている。とはいえ、これは両刃の剣だった。1654～60年の英西戦争中、1500隻以上のイギリスの商船が私掠船に襲われ、それに続く紛争でイギリスの通商路は荒らされた。これは、イギリス海軍が海路の支配を取り戻し、1708年の「巡洋艦と護送船団に関する法律」でイギリスの軍艦が自国の船を保護するようになるまで続いた（そしてまた、スペイン継承戦争［1701～14年］の終わりに、多くのイギリスの私掠船が以前の海賊行為に戻った）。

グローバリゼーションの皮肉

1806年、ナポレオンは大陸封鎖を課し、ヨーロッパ諸国がイギリスと取引するのを禁じた。真偽は定かではないが、ナポレオンはイギリスのことを「小売店主の国」と呼んだとされている。言うまでもないが、イギリスは商人、船乗り、密輸業者の国でもあった。いずれにせよ、ヨーロッパ経済の大部分はイギリスの市場に大きく依存していたが、その逆はなかった。フランスの軍艦もフランスの税関職員もこの禁輸措置を強く主張することはできなかった。

19世紀頃には国際経済は戦場になりつつあり、人々は国に飼いならされた公海上の海賊ではなく、法律や規制を駆使して戦うことが多くなった。アメリカの通商禁止法（１８０７年）は、あらゆる外国貿易の全面的な禁止措置だが、これはナポレオン戦争から自国を守ることを意図しており、とくにイギリスがアメリカ船を拿捕して、船員が「イギリス生まれ」であるという疑わしい口実で強制徴募することから自国民を守ることが目的だった。この外国との戦争を回避するための措置は、貿易で利益が得られないアメリカの財界の苦情で頓挫するが、皮肉にも１８１２年の米英戦争の下地を作ることになった。それでも、この措置によって経済戦がナポレオンの大陸封鎖のような通常の武力戦争の補助手段ではなく、代替手段と見なせる明確な概念を打ち出せたことは注目に値する。これはまさに、アメリカの学者兼外交官であるジョージ・ケナンの政治戦のヴィジョンや、今日のロシアの安全保障の思想などに見られる考えだ。

制裁や禁輸措置がその本領を発揮したのは20世紀だった。冷戦中、資本主義の西側諸国と、（公式には）社会主義のソ連圏は、建前上異なる経済システムを採用し、異なる経済圏に所属していたが、両者の違いはあまり厳密ではなかった。スターリン時代初期の容赦ない集団農場化は、事実上土地を国有化し、農場労働者は国家の農奴になることを余儀なくされたが、ソ連がこのような方針を取った理由のひとつは、資本家に穀物を売ろうとしたからだった。稼いだ金は工業化のための専門技術と機械に投じられた。その後、金（きん）、石油、ガスが産業機器と引き換えに西側に流れ、皮肉なことに、穀物はソ連の人々の空腹を満たすために消費されることになった。

ソ連の人民委員と西側の資本家の反目をよそに、モスクワのナロードヌイ銀行は、シティ・オブ・ロンドンの金融街に拠点を置き、その専門家気質と几帳面さで名声を博した。銀行のオーナーであるソ連が監視の目を光らせていたことや、ソ連がグローバル資本市場に接続する必要性を考えれば、彼らは真面目に働かざるを得なかったのだ。その一方で、1950年以来、西側諸国は対共産圏輸出統制委員会（COCOM）の後援を受けて、ソ連圏に対する戦略技術と物資の禁輸措置を維持してきた。ある程度のスパイ活動や密輸はあった――ソ連の諜報治安当局であるKGBは、それらがかなり上手になった――が、このことは西側の全面的な（そして成長過程にある）技術的リードを維持することにつながっただけでなく、両陣営の経済空間がどれほど重なり合っているかということもはっきり示していた。

グローバル経済の相互接続性と相互依存性が強まれば、それだけ脆弱性も増す。トルコはNATOの加盟国だが、トルコ産の農産物はロシアのスーパーマーケットの棚を飾っており、地中海の太陽を浴びたいロシアの旅行者にとって、トルコの浜辺は人気の休暇先になっている。すでに述べたように、2015年末にトルコの戦闘機がシリアとの国境近くでロシアの爆撃機を撃墜すると、ロシアはトルコ産の果物の輸入とチャーター便ツアーの販売を禁止した。後者だけで年間35億ドルの価値があった。同様に、ベネズエラ政権がアメリカのことを「クー・クラックス・クラン（KKK）の白人至上主義者の過激派部門」によって運営されていると非難すると、アメリカはベネズエラの指導者であるニコラス・マドゥロが「破壊的な独裁政権」を運営していると応酬した。とはいえ、２０１８年の両国の相互貿易額は２４２億ドルだった。これはベネズエラの総ＧＤＰの約４分の１に相当する。さらに、ベネズエラはアメリカの株式やその他の投資商品を55億ドル保有していた。したがって、アメリカがベネズエラに対して金融市場へのアクセスを制限する包括的な新制裁を課すと、ベネズエラは大打撃を受けた。もちろん、汚職と失策がどんな禁輸措置よりも大きな原因だったが、２０１９年のベネズエラ経済は35パーセント縮小し、インフレ率は2万パーセントに達した。

制裁と禁輸措置はまた、社会的な雰囲気と動向の表現手段にもなった。アパルトヘイト時代の南アフリカ、イスラエル、ピノチェト支配下のチリ――その時々において、政治的主体は、これらの国々からの輸入のボイコットや金融商品の売却を世論に訴え、さらには文化およびスポーツ交流を中止することさえあった。こうした措置はときに対象国に影響を与え、アパルトヘイト時代の南アフリカの大臣ピート・コーンホフは、「芝居やスポーツは政治的・経済的関係の繁栄または崩壊を引き起こすくらい強力なものだ」と認めた。だが、いかなる制裁であれ、その真の効果は経済的損失となって現れるのだ。

だが、制裁は有効なのだろうか？

これは、なぜ国家が、とくに、豊かな国や需要がある特定の資源を持っている国々が、「エコノミック・ステイトクラフト」――ボイコット、通貨操作を通じて行われることが多い複雑な経済戦――に頼りたがるのかを理解する手がかりとなる。この手法は彼らの強みを活かし、表面上は血を流さない（ただし、第7章で述べるように、実際には大惨事をもたらす可能性がある）。政治的状況に応じて、英雄的な闘争としてもてはやされる場合もあれば、退屈な税関事務と軽く扱われる場合もある。問題は小さくて厄介なものがひとつあるだけだ。制裁は実際に有効なのだろうか？

ロシアがクリミアを併合したとき、現場に展開するロシアの「リトル・グリーンメン」と西側諸国の制裁という意地のぶつかり合いになった。侵略に関係している個人は西側諸国への旅行が禁じられ、資産は凍結された。とくにクリミアとの貿易が禁止された。それから7年を経た本書の執筆時点でも、ロシアの三色旗はクリミアではためいている。

その後、ロシアはさらに踏み込んで、ウクライナ南東部のドンバスで代理戦争を引き起こした。繰り返しになるが、軍隊を配備できないか、配備を望まない西側諸国は経済制裁に頼った。デュアルユース・テクノロジー（軍事的価値もある民間技術）の供給、国営銀行に対する長期および中期の貸し付け、ロシアの石油・ガスの探査と開発への支援はすべて制限された。やはり、本書の執筆時点でこの厄介で低レベルの紛争はまだくすぶっている。

これらの制裁に効果がなかったわけではない。不十分だっただけだ。ＩＭＦによると、２０１４～18年に、これらの制裁はロシア経済成長を毎年０・２パーセント遅らせ、約１兆ルーブル（１５０億ドル）の損失になった。これは、取るに足りない額ではなかったが、プーチン大統領に政治的なダメージを与えて譲歩を引き出すには不十分だった。要するに、クリミアとウクライナの大部分は、西側よりもロシアにとってはるかに重要な意味があるということだ。そのうえ、犠牲は双方向だ。国連の特別報告によると、ＥＵ諸国は制裁とロシアの対抗制裁のおかげで、年間４００億ドル近くを失った。ＥＵ経済全体と比べればはるかに小さいことは明らかだが、ＥＵのほうがロシアよりも損害額が大きいことは注目に値する。いずれにせよ、ロシア側が本当に絶望的な状況なら、プーチンは何らかの思い切った行動に出た可能性がある。それは、本格的な軍事侵攻か、テロリストの暴力や破壊的なサイバー攻撃で、ウクライナに譲歩を迫ることだったかもしれない。あるいは、極寒が来るまえに石油やガスの供給を停止すること以上に深刻なことだったかもしれない。そのすべてを踏まえると、なぜ経済制裁が、相手に方針転換を強いることと、相手をエスカレートさせることとのあいだの最適な場所（スイートスポット）にヒットしたのかを理解するのは難しい。

どのつまり、制裁は状況を悪化させる可能性があるということだ。１９４０～41年、日本が中国やインドシナに武力侵略したことを受けて、アメリカ、イギリス、中国、オランダが石油、鉄、鋼といったきわめて重要な資源を日本に販売することを禁止した（ＡＢＣＤ包囲網）。この日本の軍国主義への警告と阻止を目的とした措置が、日本を真珠湾へと駆り立てたことは間違いない。日本の国粋主義者たちはこの禁輸措置を侮辱と見なしたが、より冷静な頭の持ち主は、こうした重要な産業資源を入手できなければ、国の存続が危ういことを悟った。参謀本部は、オランダ領東インドの油田など、必須の戦闘資源へのアクセスを確保する方法を検討した。その計画はアメリカとの対決を強いるものであった。

たいていの有効な制裁は、目標が十分に明確であり、相手が遵守できる程度に限定的である。そうでなければ、制裁はせいぜい状況を固定化するだけだ。イラン革命の最中、１９７９年にテヘランのアメリカ大使館に暴徒がなだれ込んで52人を人質に取った。アメリカ政府は海外で保有されている１２０億ドルの資産を凍結し、禁輸措置を課した。１年以上経過して人質が解放されると制裁は解除された。それはよい結果だった。だが重要なのは、アメリカ政府が、イラン革命政権にとっての人質の価値とは不釣り合いな圧力をかけることができたということだ。革命政権が耐えうる政治的コストを強いながら。これをイランの核開発計画という現在進行中の出来事と比較してほしい。１９９５年、アメリカはイランの核計画を阻止するために、同国に制裁を課した。イラン政府は、核計画は純粋に民間目的であると主張したが、大きな信念も説得力もなかった。2006年、この問題は国連の委任のもとで多国籍間の懸案事項に拡大され、制裁は銀行取引から技術援助まであらゆることに及んだ。2015〜16年、イランの限定的な譲歩と引き換えに、制裁の大部分を解除するという暫定合意がなされた。しかし、アメリカは2018年に自国の制裁を復活させた。これは一部には、中東におけるイランの冒険主義のせいだったが、イランが軍事的な核能力を追求しているという疑惑が続いていたためでもあった（公平を期して言えば、始終気まぐれなトランプ政権がけんか相手を探し回っていたせいでもあった）。

制裁から25年後の現在、一連の厳しい制裁と禁輸措置によって、原油収入と潜在的な外国投資に約1000億ドルの費用がかかり（二次的コストの影響を考慮すればおそらく5倍ほどになるだろう）、年間のインフレ率はしばしば25パーセントを超えたが、イランは依然として海外事業に積極的であり、西側諸国に対して敵対的であり、とりわけ、彼らが国家安全保障の唯一の手段と考えていた核兵器の開発に依然として熱心に取り組んでいるように見える。この計画は深刻な障害に見舞われ、その大部分は2016年の取引を確実にするために廃止された。だが、解体されたものは再構築可能である。国際原子力機関（IAEA）によると、2020年頃には、イランは濃縮ウランの備蓄をほぼ3倍にし、60パーセントまで濃縮する能力を備えているとされた。60パーセントとは、原子力発電所に必要な4パーセントや医療用アイソトープに必要な20パーセントをはるかに超えており、爆弾に必要なレベルに近い。

現実には、制裁は国にダメージを与えても、屈服させることはめったにないようだ。これはとくに権威主義国家について言える。一般的に権威主義国家は、経済的な痛みを自国民に転嫁し、その結果生じる不満を抑え込むか、「有事のナショナリズム」を煽る材料としてその不満を利用して、さらに多くの経済的な痛みを吸収する。プーチンの主要な取り巻きたちがクリミア併合後に個人制裁を受けたとき、彼らの損失はロシア財務省が埋め合わせをした。つまり、超お金持ち――彼らの富の大部分は一般のロシア人から奪ったものだ――は、公衆衛生や教育に使われたはずの金で補償されたのだ。その一方で、国営メディアはこの制裁を西側の「ロシア嫌い（ルッソフォビア）」の証拠として報じた。これは、国家とは一種の要塞であり、国民は自制心を持って一丸となって外国の不当な介入に立ち向かわなければならない、というプーチンの新しいナラティブを支援するための胡散臭い証拠であった。さらに質（たち）が悪いのは、制裁でロシアを屈服させられないことを西側が理解していることだ。クリミア併合を受けて、ロシアに対する制裁を優雅で雄弁に語った翌日、イギリスの外交官は私に次のように言った。「もちろん、制裁で現場の状況が変わるわけではありません。しかし、政治家は何らかの行動が必要だと考えています。これが、その何かなのです。制裁は……具体的でわかりやすい手法です。イギリス政府の厳しい姿勢を見せることができるのですから」

制裁は北朝鮮にも何の影響も与えていない。北朝鮮は1950年代から何らかの形でアメリカの制裁下にあり、2006年からは国連とEUからも制裁を受けている。しかし、指導者は最後まで抵抗するのをいとわないと見える。4割以上の国民が栄養不足に苦しんでいるが、違法な回避策と密輸、犯罪組織の利用（第6章で述べる）、国民に対する過酷な抑圧によって、国は存続し、指導者は贅沢三昧の生活を送っている。前「最高指導者」の金正日（キムジョンイル）は自分と取り巻きたちが飲むコニャックの密輸に年間100万ドル近くを費やしたそうだ。息子の金正恩（ジョンウン）は200フィート（約60メートル）の豪華ヨットを所有している。金正恩の友人であるアメリカのバスケットボール選手のデニス・ロッドマンは、このヨットを「フェリーとディズニーの船を足して2で割ったようなもの」と表現し、800万ドルの価値があると語った。北朝鮮の現状を打開するには、金正恩を殺害するか投獄するか監禁するかのいずれかしかないが、彼は権力を保持するためにあらゆる手を尽くすだろう。

多くの国際制裁では、実際の成功よりも成功したように見えることのほうが重視されがちである。貧困国の政権は西側を満足させるために行動を改めるかもしれないが、同時に逃げ道も見つけようとする。ホンジュラスは、2009年の軍事クーデターでマヌエル・セラヤの自由党政権を打倒したあと、アメリカの制裁下に置かれた［セラヤは軍に拘束され、コスタリカに追放された］。それから5カ月後の大統領選挙を経て制裁は解除された。この制裁は成功したように見えるかもしれない。しかし、セラヤは大統領選に立候補できず、新大統領には軍の司令官が支持する右派のポルフィリオ・ロボ・ソサが選出された。同様のプロセスは中央アフリカ共和国でも起こった。2003年、フランソワ・ボジゼがクーデターを起こすと、中央アフリカは制裁下に置かれた。この制裁は、彼が大統領選挙を実施して自分自身を選出した2005年まで続いた。制裁は、非常に公的な方法で政治的懸念のシグナルを送り、虐待にとくに関与していると思われる人物を標的にでき、体制に代償を課すから、決して役に立たないというわけではない。「地政学のツールボックス」の中でも一定の位置を占めている。しかし、それ自体の価値は疑問の余地があり、経済力と政治力の関係は、制裁という兵器の支持者が考えるよりも複雑だ。

実際、制裁は経済戦の武器の一部を示しているにすぎない。もう一方の端には、「経済ゲリラ戦」がある。サイバー攻撃や通貨操作、偽造貨幣の流通、その他の秘密のあるいは否認可能な不正工作を行うことだ。それらは必ずしも敵を倒すことを意図しているわけではないが、さまざまな小さな損害や嫌がらせで敵を弱体化させたり、怒らせたり、士気をくじいたり、動揺させたりする効果がある。たとえば、2020年5月、イラン人ハッカーの容疑者がイスラエルの浄水場の攻撃に失敗した。翌日、サイバー攻撃により、イランのシャヒード・ラジャイー港を往復する交通の流れを規制するシステムがクラッシュした。それに続く混乱により、数百台のトラックが港の外で立ち往生し、コンテナ船が海上で足止めを食らい、数日間イランの海運業が中断した。もちろん、イスラエルはすべてを否定したが、これはイラン政府に向けた無言の警告だった。

アメリカの覇権の終焉

あからさまな帝国主義の時代は、経済戦のステージでも(大部分は)過ぎ去った。それに代わって、21世紀には非公式な帝国が生まれた。この非公式の帝国において、権力の外注は汚職、権勢、契約、策略を狡猾に組み合わせて、国家の指導部を丸ごと買収するという取り組みとして現れ、往々にして直接的な経済的影響力で補完されている。

アメリカが優位な立場にあると思うかもしれない。それは、経済の規模がEUの全加盟国の合計よりも大きいだけでなく、世界の金融システムにおいてきわめて重要な地位にあるからだ。SWIFT(スウィフト)は、銀行が相互に送金(厳密に言えば、金ではなく、支払い命令)をすることを可能にするグローバル・ネットワークだ。SWIFTの拠点はベルギーにあるが、アメリカ国家安全保障局がその転送通信を監視しているだけでなく、過去においてアメリカ政府が影響力を行使してきたことのさまざまな証拠が存在する。2012年、SWIFTはイラン系銀行の大部分との関係を断つようにというアメリカの圧力に屈した。またロシアに対しても同様のことをするよう定期的に求められている。その他の点では、ドルは依然として全ソブリン準備金の6割以上を占めており、世界の金融構造の中心は米ドルの決済制度と連邦準備制度である。連邦準備制度はアメリカ政府の銀行であるばかりか、危機の際は世界的に重要な流動性資産の源泉でもあり、隠喩的な意味で金庫(最近では、ほとんどすべての金が0と1の2進数で構成される数列であるため)でもあり、その金庫の中で他の多くの政府や金融機関も自らの準備金を確保している。

21世紀のアメリカは、自らの利益のために、このきわめて重要な立場をさらに活用しようとしている。独自の禁輸措置を課すだけでなく、このグローバルな金融制度そのものへのアクセスを遮断するという二次的な制裁も行っている。銀行は、ドルの決済システムにアクセスできなければ、昔のように機能することができないし、企業も国家も追加資本を調達することがほとんどできない。そのターゲットは敵国だが、同盟国も気づけばアメリカの経済戦に引きずり込まれているのである。

これまでのところは帝国主義的だ。しかし、繰り返しになるが、根本的な問いかけをしなければならない。はたしてそれは有効か? 結局のところ、財政力は軍事力とまったく同じではない。自治の特権に金を払うことをいとわない国、あるいは代替手段の必要性を感じない国は、この種のあからさまな経済圧力を中和できる。ロシアと中国は、まさにこの理由から自国経済の「脱ドル化」を進めてきた。たとえば、2017~20年に、ロシアが保有するアメリカの財務省証券(基本的にはアメリカの国家債務)は、1050億ドルからわずか38億ドルにまで減少した。ロシアはまた、ＳＷＩＦＴに代わるＳＰＦＳ（金融メッセージ転送システム）を設立した。これまでのところ、ＳＰＦＳは限定的であり、まさに最後の代替手段だが、中国の「越境銀行間決済システム」や代替手段の獲得を熱望する他の国々との接続を開始すると、それまでのＳＷＩＦＴの優位性を侵食することになる。実際、２０１９年以降、ドイツ、フランス、イギリスも、独自の限定的な代替手段であるＩＮＳＴＥＸ（貿易取引支援機関）を設立した。これは、自国の制裁を遵守させようとするアメリカ政府の取り組みを迂回して、イランとの特定の非ドル取引を可能にする方策である。

それに加えて、リアルな戦争と同様に、この種の直接的な経済攻勢に乗り出す際にはリスクが存在する。世界がサプライチェーンと多国籍合弁企業に覆われているグローバルな貿易と金融の時代において、これは関係者全員にとって非常に危険な状況だ。ドナルド・トランプのもとで、アメリカは中国と断続的な貿易戦争を行った。２０２０年が始まる頃までに、アメリカはテレビから自動車部品にいたるまで中国製品３６００億ドル以上に関税を課し、中国は１１００億ドル以上のアメリカ製品に報復関税を課した。実際に誰がこれに金を払っているのだろうか？　多くは消費者であり、同じサプライチェーンでつながっている他の国の場合も多い。

本書の執筆時点でバイデン政権が始まって数カ月だが、中国が、とくに知的財産に関して、いくらかの譲歩を進んで行うかどうかはまだ不透明だ。率直に言って、他人のデザインやイノベーションをためらいなく盗む中国人の性向を考慮すると、これは重要な問題だ。もし中国が譲歩するなら、それはアメリカにとって条件付きの勝利と見なせるかもしれない。だが、多くの人に損害を与え、世界におけるアメリカの地位を損なっていることから、犠牲の大きい勝利と言えるだろう。

新しい帝国主義者？

従来の通念は、豊かな民主社会は経済的な手段を用いて専制君主をひざまずかせることができるというものだった。これは必ずしも制裁を意味しない。ドイツは次のように考えていた。ソ連後のロシアは、西側経済とより密接な関係を持つにつれて、「貿易による変化（ヴァンデル・ドゥルヒ・ハンデル）」により、権威主義から離れた改革を実現できるだろう、と。これは今ではまったく逆のようだ。権威主義者自らが貿易を武器として使えるというだけではない。明白な制裁は非常に手際の悪い方法でもあるのだ。

制裁は確かに国を弱体化させ、国を徐々に衰退させる原因になる。典型的な例は、ソ連の緩やかな崩壊だろう。その主たる原因はソ連経済の非効率性だったが、それだけでなく、軍拡競争でアメリカに遅れずについていくことへのプレッシャーと、最新技術や投資資本へのアクセスを遮断されたことも状況を悪化させた。だが、どう贔屓目に見ても、制裁が功を奏したのはソ連が崩壊過程にあったからだった（そして、それはアメリカを疲弊させた）。

他方、最新の通念は、新しいタイプの経済戦が新しい帝国主義的覇権が出現するのを可能にしているというものだ。豊かで野心的な中国は、世界で重要な地位を確立するために、ますます国境の向こうに目を向けている。中国共産党が持っているとされる特別な利点――次の選挙までではなく、何十年、何世代先まで考えて計画を立てられること、鋭い洞察力、冷徹さ――については誇張が多く、西側のステレオタイプ的な見方であると言わざるを得ない。中国の真の利点とは、政府と大企業が排他的に結びついていることに加え、情けないことに、他国の貪欲さ、短期主義、単純さにあるのだ。

中国人は喜んで金をまき散らしてきた。たとえば彼らの一帯一路は、世界中の市場を中国に結びつけるというとてつもなく壮大なインフラ計画であり、2028年までに優に1兆ドルを超えるコストがかかるそうだ。彼らはアフリカに港や発電所を建設し、ユーラシア大陸を横断する道路や鉄道を敷き、さらには、気候変動による北極海の海氷の融解を受けて、「アイス・シルクロード」の航路も整備しようとしているため、当然のことながら、金で協力者を募り、人々を影響下に置こうとしている。

アメリカ、そしてオーストラリア、インド、日本など他の大国は、中国の新たな動きにとくに警戒しており、「経済帝国主義」と非難している。だがこれは、多くの人々にとって断るのが難しい申し出だ。中国は、少なくとも最初のうちは、ほとんど紐をつけずに多額の資金を提供してくれるように見える。パートナーは民主的あるいは透明でなければならないという独善的な要求も、現地の高官のピンはねを防止する腐敗対策もない。このアプローチの強みは、にらみと脅しではなく、笑顔と気前のよさ、そしてたくさんの金がついてくるということだ。

だがもちろん、「紐」はついている。ときに中国の寛大なアプローチは、相手が借金まみれになるのを意図しているかのように見えることがある。その顕著な例が、スリランカのマガンプラ・マヒンダ・ラジャパクサ港の開発だ。当初から無用の長物のようだったプロジェクトに対して、スリランカが中国に融資を依頼したとき、中国は喜んでその願いをかなえてやった。しかし契約には、中国企業がそのプロジェクトの主要な請負先でなければならず、労働者は中国人を使うということが明記されていた。事実上、スリランカが中国から借りた金の多くは、単に中国に戻っただけだった。どう見ても、この港は採算が取れる見込みはなく、２０１０年に開港するや否や、赤字は膨らんでいった。２０１７年、膨らんだ債務を免除することと引き換えに、港は99年間中国にリースされることになった。多くの外国のアナリストは、中国が赤字の港を引き継ぐことを疑問に思ったが、これはより大きな戦略アジェンダの一部だったのではないか？

中国は、スリランカには無理でも、自分たちなら利益を出す事業にできると考えているのかもしれない。なにしろ、2016年に中国遠洋海運集団が経営難に陥っているギリシャのピレウス港を引き継いだあと、その港を地中海で2番目に大きい海運のハブに変えてしまったのだから。いずれにせよ、新型コロナウイルスがグローバル経済を動揺させ、地政学上のチェスボードをひっくり返すまえから、中国は、過去に覇権を目指していた国と同様に、この種のプロジェクトの限界を克服しようとしていたようだ。国家は借りることができるだけでなく買うことができるという仮定にしたがって。一帯一路の多くのプロジェクトは、未完だったり非生産的だったり、あるいは資金を着服されたりして、失敗に終わった。かつての貪欲なパートナーは考えを改めつつあった。パキスタンの石炭発電所からアフリカのシエラレオネの空港まで、ミャンマーの港からバングラデシュの道路まで、一帯一路の数億ドルの価値があるプロジェクトは中止になるか、規模を縮小した。中国とヨーロッパを結ぶ新しい鉄道など成功しているように見えるプロジェクトでさえ、中国からの補助金によってかろうじて維持されていた。

そして、中国自身も一帯一路に疑問を持っているらしく、計画は縮小される可能性がある。新型コロナウイルス以前でさえ、かつては歯止めがきかなかった中国の外国投資の伸びは鈍化していた。中国が支援国として立場を維持したくても、多くの被援助国が単なる融資でなく、適切で長期的な投資を要求するようになっている。スリランカの港湾プロジェクトのように実質的にまっすぐ中国に返ってくる債務ならともかく、適切な長期投資は急成長中の中国経済であっても負担になるだろう。2018年、中国国務院発展研究センターの副所長は、一帯一路にはすでに5000億ドルの資金不足が生じていることを認めた。

結局、これらすべてが本当に中国にもたらしたものは何だろうか？　いたるところに港や工場があるのは確かだ。だが間違いなくそれは、市場の自然な働きによって達成できたはずだ。北京を「真の」中国の首都として公式に認めることは、アジアから遠く離れた国々にとって造作もないことであり、台湾とは別の方法で外交関係を維持できる。中国が見出そうとしているのは、最盛期のアメリカ、ソ連、フランス、さらには古代ローマが見出したものと同じだと言えるかもしれない。帝国は高価な贅沢品であり、皇帝の権力にとって利益になるよう意図されているかもしれないが、しばしば気まぐれな従属国の存在が没落の原因になるということだ。もちろん、これは誰もが帝国主義を満喫したり賞賛したりすべきであるという意味ではない。そうではなく、帝国化のプロセスは帝国主義者にとって意外にもマイナスの結果になることが多いということだ。おそらく、はるかに有用で普及しており、費用対効果の高い帝国主義の形態は、征服ではなく経済的な転覆工作だろう。他国に自分の国の商品や資本を欲しがらせたり、政治やビジネスのリーダー、意見形成者(オピニオン・シェイパー)、トレンドメーカーに利己的な理由を与えて、こちらの指示に従わせたりすることだ。次章で見るように、ロビイスト、投資家、インフルエンサー、そして贈賄者は、帝国主義1・0のヘルメットをかぶった征服者にすっかり取って代わっただろうが、ひょっとしたら、短命な帝国主義2・0の制裁と巨大プロジェクトにも取って代わったのかもしれない。

推薦図書

現在、制裁と経済戦に関する文献はかなりあるが、その多くは特定の党派にかなり偏った内容だ。ロバート・ブラックウィルの *War by Other Means: Geoeconomics and Statecraft* (Harvard UP, 2016) は依然としてこの分野のスタンダードだが、メーガン・オサリバンの *Shrewd Sanctions: Economic Statecraft in an Age of Global Terrorism* (Brookings, 2002) も、焦点が絞り込まれているものの、興味深い議論を展開している。多くの論文集と同様、ミカエル・ウィゲル、ゼーレン・ショルヴィン、ミカ・アールトラが編集した *Geo-economics and Power Politics in the 21st Century* (Routledge, 2020) は種々雑多なテーマを扱っているが、すばらしい章がいくつかある。とくに中国に関しては、ウィリアム・ノリスの *Chinese Economic Statecraft: Commercial Actors, Grand Strategy, and State Control by William Norris* (Cornell UP, 2016) とブルーノ・マサンエスの *Belt and Road: A Chinese World Order* (Hurst, 2018) の2冊は読む価値がある。

第5章 味方を買う、他人に影響を与える

「前に進め、行く先々で殺戮を行い、血の道を切り開け！」

自分の軍隊にこんな残忍な檄を飛ばしたのは、どこの武将、テロリスト、あるいは過激な司令官だろう？『ウォール・ストリート・ジャーナル』によれば、それは中国のテクノロジー企業ファーウェイの創業者である任正非だ。２０１８年、彼は杭州の研究開発センターのスタッフに、会社は西側との「戦争状態に入った」と語った。西側とは、彼らの商売敵だけでなく、取引を拒否した国々も含まれる。

戦略的資産の独占的な支配から得られる権力がある。たとえば中国は、高度な磁石やレーザーに使用されるレアアースのネオジムやジスプロシウムの世界的な供給の大部分を支配している。

石油カルテルの石油輸出国機構（ＯＰＥＣ）が全盛期だった１９７０年代、世界の石油生産の半分以上はＯＰＥＣが管理しており、石油価格も大きな影響を受けていた。重要な知的財産だけでなく、市場セグメントの独占支配（グーグルかアップルに聞いてみてほしい）においても権力が存在する。情報が「新しい石油」であるという現代の常套句は、苛立たしく、問題の多いアナロジーかもしれない。だが、量子計算やＡＩのような情報を共有したり処理したりするテクノロジーが未来の重要な動力源になることは間違いない。しかし、これらの資産を実際使って権力を行使することは往々にして難しい。生産者は代替のサプライヤーや原料に目を向けるだろう。企業はいつでも確実に武器化できるわけではなく、競争相手がすぐに現れるかもしれない。データが盗まれることだってある。現実の経済力とは、テクノロジーと投資と貪欲さが落ち合う場所に位置しており、かなり捉えにくい概念であると言えるだろう。

ファーウェイの転換期

ファーウェイは岐路にあるのかもしれない。かつて、その成長は上限がないかのように思えた。彼らが、その真価、市場力、政治家とのコネ、徹底した利己主義を駆使して自ら非公式な帝国を築き上げる様は、新しい中国の可能性そのものだった。この企業——社名華為（ファーウェイ）は「中国は可能である」とか「すばらしい行為」などさまざまな意味に解釈される――は初めから国家と密接な関係にあった。ある人にとって、ファーウェイは中国共産党のダミー企業にほかならず、また別の人にとっては、政府に便宜を図る時機を心得ている企業だ。しかし、これらの意見は多くの点で的外れだ。プーチンのロシアをはじめとする世界中の多くの権威主義的資本主義国と同様に、中国はハイブリッド国家であり、官と民（さらに、合法と非合法を示唆する人もいる）の境界は流動的であり、浸透性があり、ときには無意味ですらある。

それにもかかわらず、ファーウェイの海外での台頭は、その製品の品質と価値だけでなく、制裁の脅威を叫ぶよりも、利益に対する素敵な希望をささやくほうがはるかに効率的な場合があるという事実を反映している。

1987年に設立されたファーウェイは、遠距離通信ブームを背景に、2001年にイギリスとアメリカにのみ支社を開設した。ほぼ最初期から、セキュリティ上の懸念があった。ファーウェイは他社の技術を複製した経歴があり、国の遠距離通信への関与を許可すると、中国の電子スパイのバックドアが開かれるのではないかという懸念があった。表向きは独立企業だが、この1220億ドルの電気通信の巨人は、国の恩恵がなければ身動きできない。アメリカはファーウェイの上級社員のうち数百人が軍や諜報機関と結びついていると考えている。任正非自身は中国軍の元エンジニアだ。

しかし、ファーウェイは競争力があり、如才なく、実に友好的だった。イギリスでは、ファーウェイはあらゆる立場の政治家や世論形成者をもてなし、何百万もの人間を大学に送り込み、あちこちの大きな影響力があるロビー活動やPR会社に関与した。2015年、ファーウェイは、石油会社BPの元幹部でキャメロン元首相のシニア・ビジネスアドバイザーでもあった広い人脈を持つブラウン卿（ジョン・ブラウン）をイギリス部門の幹部の地位に就かせ、数人の元上級公務員や実業家を年俸10万ポンド以上で非執行役員として取締役会に参加させた。

勢いに乗るファーウェイは、現地の電気通信業者のBT、スリー、ボーダフォンと提携し、自分たちの野心的な開発計画に参加させたようだ。超高速、超高性能の5Gモバイル・データサービスの展開の中心にいるのは誰かという議論が始まったとき、ファーウェイはベストポジションにおり、現地の企業はその熱心な支援者のような立場にいた。ファーウェイのための「お偉方」のロビー集団と会い、またファーウェイ自らがイギリスを格安で世界最先端の5G国にすると約束したこともあって、ジョンソン首相は納得したように見えた。任正非は大喜びだったそうだ。独特の軍事的表現で、彼はこのことを、第2次世界大戦期に枢軸国の形勢が不利になったスターリングラード攻防戦と比較した。これは単なるひとつの金になる契約ではなく、世界中の他の取引にも活用可能な手法だった。

その後2020年に状況が変化した。皮肉なことに、これは新型コロナウイルスのパンデミックに原因があったかもしれない。中国は、武漢発のこの脅威について、世界に発信するのが遅いとか積極的でないと批判され（当然だ）、怒りをあらわにした。オーストラリアがウイルスの起源について独自の調査を要求すると、中国は経済制裁で応酬した。世界的な議論の矛先が、中国が集団感染の情報公開を拒否していることに向けられると、中国のネットトロール（荒らし）や偽情報サイトは、さまざまな有害な代替ナラティブを発信しはじめた。そのなかには、ウイルスがアメリカの生物攻撃であることを示唆するものまであった。生意気にも懸念を表明した国は、外交マナーを無視した「戦狼（せんろう）」――第10章で述べるが、愛国的なアクション映画にちなんで名づけられた――外交官によって非難され、制裁の脅威にさらされた。

中国の対外政策はターニングポイントにあるのだろう。コロナ危機を口実に、中国はイギリスの旧植民地である香港に新しい安全保障法を課したが、これは１９８４年の英中共同声明「中国返還後の香港に一国二制度を導入することを確認した文書」に反する内容だった。イギリスが不満を表明すると、中国は何らかの対抗措置を取ると言って脅した。だがその後、議論が変化し、ファーウェイの批判者は勢いづいた。ファーウェイは両国の板挟みにあったとも言えるし、（今に始まったことではないが）中国の代理人という正体を暴露されたとも言えた。いずれにせよ、ファーウェイはイギリスの５Ｇ計画から段階的に締め出されていった。いやそれどころか、イギリスはファーウェイを完全に排除するために、独自の５Ｇ技術を開発する能力を持つ10の民主主義国を集めて、「D10」という国家連合を作ろうとしている。

もちろん、これはひとつの企業、ひとつの契約、ひとつの時点の話だ。それでも、得られる教訓がふたつある。第一に、国家が直接的な経済制裁を実行すると、あたかも大国であるかのような気分を味わえるかもしれないが、自らの目標の達成に失敗する可能性があるということだ。そして第二に、中国が地政学的な壮大さという誘惑に屈していなければ、中国の技術――それに加えて、おそらくスパイホールとバックドア――をイギリスの電気通信システム全体にうまく組み込むことができたかもしれないということだ。

意見を買う

だが、誰もがグローバル経済においてそのような影響力を持っているわけではない。はるかに安価で、適切に使用されればより効果的なものは、オーダーメイドの影響工作だ。意見を買う、浮動票を利用する、メディアを沈黙させる、プロジェクトを誇大に宣伝するなどの目的はすべて金で実現できる。ときに、これは完全な汚職行為である。ヨーロッパや北アメリカの大部分の国ではたいした問題ではないと思うかもしれない。それに紙幣が入った封筒を密かに渡すという方法はほとんど過去の産物である。現代のタップ・トゥ・ペイ経済［スマートフォンを利用した非接触型決済」では大量の現金を使用するのは難しく、説明のつかない大金は目立つものだ（賄賂を楽しめないなら、賄賂を受け取ることに何の意味があるのだろう?）。だがそれは、汚職が過去のものになったという意味ではない。

トランスペアレンシー・インターナショナルの腐敗認識指数は、各国の腐敗状況をランキングで示しており、最下位（最も汚職が蔓延している）はアフガニスタンや南スーダンのような貧困国が、上位（最も汚職が少ない）はデンマークやニュージーランドのような安定的に繁栄している国が占めている。だが、こうした調査は、経済発展と公正さが密接に関係しているという間違った思い込みと気休めの原因になる。貧困国で賄賂の授受を行っているのは誰なのだろうか？　そして、その金の多くはどこに行くのだろうか？　イタリアのスーパーカー、フランスのヨット、ロンドンの高級住宅、スカンジナヴィアのマネーロンダリング用の銀行、デラウェアのダミー会社、リヒテンシュタインの銀行口座——。汚職は多くの点で、資産を貧しい南の発展途上国（グローバルサウス）から豊かな北半球に移す不正行為である。だが、その話題は別の本に譲るとしよう。

つまり、それが意味することは、汚職がすでに勝利された戦い、あるいは勝つのが容易な戦いであると考えてはならないということだ。アメリカの海外腐敗行為防止法とマネーロンダリング対策ネットワークのＦＩＮＣＥＮ（フィンセン）、イギリスの贈収賄防止法などの措置により、多少の進展はあったが、あまりにも限定的だった。腐敗は環境に順応し、今では間接的な方法で行われることが多い。報酬はいいが責任は重くない非業務執行取締役、温暖で快適な場所への無料の「視察旅行」、別荘の貸し付け、再選キャンペーンへの寄付――。ほとんどの民主主義国は、こうした買収工作を監視するための制度を備えており、程度の差はあれども成功しているが、後援は政治と同じくらい古くからある。

また、これは必ずしも秘密のプロセスというわけではない。ノルド・ストリームAG社が、議論を呼んでいる同名のロシアのガスパイプラインを建設するために設立されようとしたとき、主要株主であるガスプロム――こちらはロシア政府が株式の過半数を所有していた――は、厳しい戦いが待ち受けていることを知った。そもそも、パイプラインは単なる経済的ベンチャーではなく、政治的ベンチャーでもあった。そのため、ガスプロムはドイツの元首相ゲルハルト・シュレーダーを年俸25万ユーロで役員に就任させた。これはシュレーダーの年金の約3倍だった。会社が求めに応じて、彼は歯に衣着せぬ有力なロビイストとして行動した。これは完全に公明正大なやり方だった。

それでも、私たちはエストニアの元大統領トーマス・イルヴェスが、この方法を「シュレーデリザツィア（Schröderizatsia）」と表現したことを意識しなければならない。この語はいまやSchröderisierungやSchroederizationとドイツ語や英語にもなっており、「(倫理的に問題があるとしても）完全に合法的な方法で、ひとりまたひとりと他国の政治勢力に買収されること」という意味で政治アナリストや人権活動家が使用している。これは現代世界における中心テーマ（ライトモチーフ）だ。さらに、最後の手段として、買えないものは借りてしまえばいい。ロビイスト、ＰＲの専門家、あらゆる「レピュテーション・マネジメント」（評判管理）の専門家は、金さえ払えば、声明を発表することや方針に影響を与えることを手伝ってくれる。すでに言及したジャマル・カショギの殺害に対するサウジアラビアの対応などの背景には、巨大なグローバル産業が存在し（アメリカだけで年間35億ドル相当）、ほとんどすべての人が参加可能だ。圧倒的多数は企業のロビー活動だが、多くの企業が国有であるか、国の影響下にあるか、国の承認を求めている時代にあって、その区別は意味がないかもしれない。

たとえば、ファーウェイの持ち株会社は、任正非が１パーセント、従業員が99パーセント所有していることになっている。ただし、従業員は株式を自ら所有しておらず、労働組合委員会はその会費を中華全国総工会の深圳（しんせん）支部に支払っている。そしてもちろん、中国共産党がこれを管理している。このような会社がロビー活動をする場合、それは民間企業なのだろうか、それとも国の機関なのだろうか？　建前としては前者だが、実際には間違いなく後者だ。同様に、２０１８年にエルビット・システムズに売却されるまで、イスラエル・ミリタリー・インダストリーズは完全に国営の兵器製造業者だった。イスラエル・ミリタリー・インダストリーズがトルコへの販売を熱心に働きかけていた２０００年代、イスラエルは独自にトルコに提案を行っていた。これはビジネスが政治を動かしていたのだろうか、それとも政治が政治を動かしていたのだろうか？はっきり言えることは、それらを区別するのは難しい場合が多いということだ。

露骨な汚職であれ、コネによる引き立てであれ、有利な条件の取引であれ、専門家によるロビー活動であれ、民主主義国も独裁国も一様に、政府とその取引先、手先、民間セクターの代理人から、この種の影響を受けやすい。大統領顧問や有力な国会議員を買収するだけでいいのなら、わざわざ国を手に入れる必要があるだろうか？

影響力のあるエージェント、裕福なエージェント

当然ながら、彼らに何をすべきかを教える必要がないなら、なおいいことだ。マキャヴェッリを思い出さなくてもいい。だが、今日のスカウト志望者は、くまのプーさんが言っていることに耳を傾けるべきだろう。A・A・ミルンが生んだ、愛想がよくて食いしん坊なクマは、いちばん好きなものを聞かれると、少し考えてから次のように言った。「ハチミツを食べるのはすごく好きだよ。でも、ほんとうは食べはじめるまえのほうが好き。それを何て言うんだろう」。金はハチミツのように味わうべきご馳走だが、多くの場合、何よりのご馳走はうまくいくという見通しだ。別の言い方をすれば、ご馳走を失うことの心配は、実際に失うことよりもさらに大きな影響

を与える可能性がある。

ひょっとしたら、銃であれ小切手であれ、露骨な帝国主義の手口は、現代のような複雑になりすぎた世界では通用しないのかもしれない。だが、それは金で権力を買わないということではない。おそらくまったく逆だ。目指すべきは、支配ではなく飼いならしである。国家が制裁などの手段を通じて、自らの意思を率直に押しつけようとすれば、多くの場合失敗する。経済力をより巧妙な武器に変えるには、有益な習慣に向けてターゲットを調節することだ。ロシアではこれを「反射的コントロール」と呼んでいる。ときに、これは慎重に計量された〝負の強化剤〟を投与することを意味する。〝負の強化剤〟とは制裁かもしれない。あるいは第6章で述べるようにサイバー攻撃で資産や産業を標的にすることや、第8章のトピックである法的な異議申し立てでそれらを襲撃したり凍結したりする場合もある。ただし、これは非常に露骨な方法であり――すでに述べたように――有用性が疑わしいことが多い。あっさり裏目に出て、外圧に対する気概を高めてしまう可能性もある。

さらに有効なのは、地元政治の性質や個人および派閥の自己利益と調和する〝正の強化剤〟である。たとえば、ロシアがヨーロッパのポピュリスト政党や政治家を支援する場合、彼らはすでにロシアが有用であると見なす見解を持っているので、彼らの見解を大きく変えることはない。イタリア左派の5つ星運動と右派の同盟（旧北部同盟）、ドイツの反移民政党である「ドイツのための選択肢」（ＡｆＤ）、その他の急進的な勢力は、ロシアの国営メディアに公然と支持されており、トロールや偽情報サイトにも暗黙に支持されている。それは、何らかの見返りに同意したからではなく、彼らの躍進がロシア政府の利益に適うと考えられているからだ。より直接的な結びつきはあまり一般的ではないが、知られていないわけではない。２０１４年、フランスのナショナリストであるマリーヌ・ル・ペンの国民連合（旧国民戦線）は、ロシアによるクリミア併合を承認したあと、ロシア政府とつながりのある怪しい小銀行から９４０万ユーロ（１２２０万ドル）相当の融資を受けた。ロシア当局者のハッキングされたテキストメッセージに「彼女は我々の期待を裏切っていない」と書かれてあったことがのちに明らかになった。

しかし、なおいっそう重要なのは個人および企業の利益の見通しである。中国の11兆ドル経済の真の影響力は、肉眼では確認できない重力、軌道の歪み、潮の上昇のようなものだ。中国国内の人権侵害や外国への攻撃に対して中国政府の責任を問う政治的な意思は、投資が台無しになったり、市場が失われたりしないようにする配慮によって絶えず損なわれている。たとえば、ファーウェイに関するドイツの議論は、ドイツ車の3台に1台を中国に販売している自動車産業からの懸念に影響を受けた。ドイツだけではない。２００8年、フランスのサルコジ大統領が、亡命中のチベットの精神的指導者ダライラマと面会する予定だと発表されたとき、中国は一連の商談をキャンセルし、１５０機のエアバスの注文が見送られた。自動車メーカーやスーパーマーケット大手などフランスの実業家は、必死に政府に陳情を行い、政府はチベットが中国の一部であるという正式な発表を行った。取引は再開され、国営新聞の『チャイナデイリー』は「フランスは中国のショッピングリストに戻った」と勝ち誇った。最近では、中国の安い工業生産に依存しているアメリカ企業が、トランプのエスカレートする対中関税に猛反対した。何年にもわたり、中国共産党指導部は、指一本動かさず、また１ドルも支払わずに、自らの目的のために企業にロビー活動をさせてきたのである。

利益に目がくらんだ者たちを自然な形で自国の協力者にしているのは中国だけではない。２０１４年、ＥＵの対露制裁の舞台裏で、イギリスは自国の金融機関や法律事務所から圧力を受けていた。彼らロビイストはシティ・オブ・ロンドンに流れたロシアの新興財閥（オリガルヒ）の金で肥太った者たちだった。ロシアが彼らに働きかけたという証拠はない。彼らは私利私欲のために、ロシアへのペナルティを弱めるキャンペーンを自発的に行ったのである。

最も印象的なのは、サウジアラビアの武器調達政策の背後にある政治的思惑である。この王国は、「浪費癖のあるオリガルヒの愛人」とでも言うように武器に大金を費やしている。軍事費はＧＤＰのおよそ10パーセントを占めており――ロシアのシェアの2倍以上であり、ＮＡＴＯの想定基準の5倍だ――２０２０年は国家予算の18パーセント、約４８５億ドルだった。これは世界の軍事費絶対額で5位に位置している。端役だった湾岸戦争を除いて、サウジアラビアの近年の唯一の軍事的冒険が、内戦が続くイエメン政府への支持であったことを考えると、この額は過剰に思える。しかし、サウジアラビア政府が本当に購入しているのは影響力だ。サウジアラビア政府が新たな散財をアナウンスすると、潜在的な売り手は先を争って取引を獲得しようとした。軍需産業は本国でロビイストになり、自国政府にサウジアラビアの人権侵害を見逃して、王国の歓心を買うよう働きかけた。これは、サウジアラビアが自ら使用し維持できる以上の航空機、車両、その他の軍事システムを保有しているだけでなく、米欧の戦闘機、英米仏の軍艦、さらには中国の長距離ミサイルなどの寄せ集めを保有していることの説明になる。サウジアラビアの政策に対するアメリカの懸念が2010年以降高まっている一方で、同国のアメリカ企業に対する武器支出のシェアも増加していることは、おそらく重要なことだ。ストックホルム国際平和研究所（SIPRI）が2019年に発表した「国際武器移転の動向」に関するレポートによると、いまやサウジアラビアが保有する兵器の7割はアメリカで作られている。

民主主義社会とオープンな自由主義経済は、この非公式な経済帝国主義に対してはるかに脆弱だ。多くの場合、帝国化が進行中のときはほとんど気づかれないが、ひとたび帝国が完成すると、その犠牲者は自らを規制することになる。国家自体はその国のエリート層ほど直接的な攻撃を受けない。産業、政治家、インフルエンサーはいずれも、招集され、取り込まれ、訓練され、強制される可能性があるが、彼ら自身それに気が付かないこともある。中国の近代化やサウジアラビアの改革の美点を褒めそやすインフォマーシャル［通常のコマーシャルより長い時間をかけた情報量の多いコマーシャル］を主要な収入源にしているメディアは、それらを失うくらいなら自己検閲を選択するだろう。それは、外国の助成金や外国人留学生の獲得に熱心な大学が、声高に独立を主張しながら（そして、建前としては独立を維持しながら）、大学の方針をこっそり変更することと似たようなものだ。私たちは自由だ——自らを買収させることも自由なのだ。

本質的に、これらの個々の効果は、あまり重要でないか、ときに滑稽でさえあるかもしれない。しかし、それらの真の重要性はふたつの要素からなる。第一に、それらは蓄積して、ゆっくりと服従と協力の習慣を築く。第二に、おそらく最も重要なことだが、それらは現在の紛争における他の手段と組み合わされる。他国のメディアがすでに飼いならされ、専門家が信念を曲げ、政治家が買収されるか報酬を受け取っている場合、政略と政策を推進するナラティブを形成することは、はるかに簡単だ。金だけでなく、すでに良好な関係にある現地の支配層の同意があれば、法律を制定したり、政策に影響を与えたりすることがかなりできるようになる。つまり、金はそれ自体が武器であるばかりか、続く数章で述べることになるその他のあらゆる武器を強化することにも役立つのだ。この種の戦争では、富は確実によい兵士をもたらす。

防御か辛抱か?

では、ヘンリー・ファレルとエイブラハム・ニューマンが「武器化された相互依存」と呼ぶこの時代に、私たちは何ができるのだろうか？　私たちはみな、取引、投資、旅行そして接続が必要であるから、答えは他国を完全に締め出した経済を構築しようとする自給自足ではない。経済戦や正負の影響力の行使は増加するだけだろう。あらゆる取引は善であり、取引を行う国は戦争をしないというリベラルな行動規範（クレド）は、持続不可能になりつつある。それは、これらがもはや二元的な選択ではないからだ。

本書の執筆時点で、インドと中国の軍隊は、兵士が撲殺されて山腹から投げ捨てられるのが見られたヒマラヤの国境紛争で散発的に衝突をしている。それでも、両国の二国間貿易は依然として1000億ドル以上の価値がある。かつて武力闘争や核兵器に対して行ったような経済紛争のための条約ができないかぎり（いつかは実現するかもしれない）、国家はまたしても自国を守るために、あるいは自国の経済力を攻撃的に使用する場合でさえも、どれだけ犠牲に耐えるつもりなのかを決断しなければならなくなるだろう。

また、誰が何であるかは必ずしも明確ではない。ノルド・ストリーム2パイプラインは、バルト海海底を横断してロシアのガスをドイツに運ぶ。ドイツはこれを経済安全保障の問題と考え、低価格の天然ガスの供給を確保する。ロシアは自国のガスを売りたい。アメリカはそれに反対し、ヨーロッパが安価なロシアのガス供給に依存しつづけることでヨーロッパのエネルギー安全保障を実質的に損なっていると主張する。そして、皮肉屋はアメリカは自国の高価な液化天然ガス（LNG）をもっと売りたいだけだと言う。アメリカは、このプロジェクトに関与している企業に対して制裁を課すと脅しているが、執筆時点でこのパイプラインはいまだ建造中だ――ゆっくりとではあるが。問題の本質は、誰もが利己的であり（ドイツでは、アメリカの高圧的なアプローチは政治的安全保障の課題と見なされるようになった）、誰もが自由に行使できる手段を求めているということだ。

本書を通して強化されるクレドは、弾力性（レジリエンス）、自覚と政治的意思、国民の監視という3つで構成される。レジリエンスはもちろんリスクを最小限に抑える問題の一部だ。最も脆弱な国は、投資、エネルギー、あるいは原材料を一国に依存している国、もしくは特定の輸出入マーケットに依存している国である。これらのいくつかは回避するのが難しいが、可能な限り、あらゆる面で多様化することを優先事項にしなければならない。ウクライナがロシアのガスに依存していること（および、ヨーロッパに送られるガスがウクライナの領土を通ることによる追加収入）は、ガス供給の定期的な削減や制限――通常は冬の真っ最中の――に対して、脆弱になるということだった。今日、ロシアがパイプラインを閉鎖する余裕があったとしても、ウクライナにはアメリカのLNGなど多くの選択肢がある。インドも同様に、イランが制裁措置を課されて以来、イランの石油からの脱却に取り組んでいる。

レジリエンスはまた、経済的コストを政治的独立のための許容可能な代償として受け入れられることであり、信念が問われる。これには同じコインの両面である自覚と政治的意思が必要となる。これらの課題は、従来の軍事的な課題と同じ活力と率直さで議論され、分析し、作戦を練り、演習しなければならない。レジリエンスは、国の経済戦略に組み込まれるだけでなく、その国の代表的な企業にも求められる。これは企業にとって、まったく新しいレベルの政治的リスクを分析することと、特定の市場や供給への依存を回避することを意味する。コストがかからないわけではないし、公共の精神や愛国心(それほど高邁なものでなくても、否定的な評判への恐れなど)は適切な動機づけになるかもしれないが、法律によって強制され維持され、国によって支援されなければならないだろう。

政府はまた、あからさまな腐敗と間接的な影響から、自らと社会を保護するためにさらに多くのことをしなければならない。そのために必要なのが、政治資金やロビー活動の適切な透明性、それらの活動に関与する組織の最終的な受益者となるオーナーの身元確認（ダミー会社やトラストの背後に隠れることを防ぐため)、独立した裁判所とよく練られた法律、公務員の所得申告や民間部門のコーポレートガバナンスの厳格な執行、自由で調査能力があるメディアといった事柄に対する一般的な合意である。だが残念ながら、こうした合意は破られることが多い。政党は支援者への助力を惜しみたくないし、疑わしい資金の流れを促して成長した企業は変化に消極的だし、ロビイストとそのクライアントは現状に満足しているからだ。

それらに対しては、政治的な誓約、すなわち他国から硬軟両面の経済的影響を受けても容易に屈しない何かが必要になる。それはまた、他国への依存が高まって大きな影響を受けるという安全保障上の問題に専念する場合はもちろん、抵抗することの潜在的な利点を認識する場合にも役立つだろう。中国のボイコット被害にあった前章のパラオの例を考えてみよう。短期的に見れば、パラオの経済的なダメージは大きかった。だが、この観光ブームは間違いなく持続不可能であり、家賃と食料価格の高騰や、地域環境への影響をほとんど無視した雑な工事の原因にもなっていた。現在、最初のショックに耐えたパラオは、高価値で負担が少ないエコツーリズムや、より持続的で人道的な未来へと方向転換しようとしている。皮肉なことだが、パラオは将来、中国の強引な手法が招いた予期せぬ結果に対して恩義を感じるかもしれない。同様に、新型コロナウイルスに対する中国の強硬な姿勢のおかげで、イギリスはファーウェイ支配のネットワークから国を救うことができたのかもしれない。

だが結局のところ、政府は、やむを得ない理由がない限り、資金提供者や協力者や支持者に圧力をかけつづけたり、取り締まったりすることはない。そこで必要となるのが国民の監視だ。政府は国民の写し鏡だ。有権者が国の自治の保護を政治家に要求しないなら、悪いのは自分自身である。もっとも、政治家が合法的なビジネスや政治構造を（不正）使用して欲しいものを手に入れられなければ、非合法な行動に出る可能性がある。これは、次章で検討する問題だ。

推薦図書

オリヴァー・バローの *Moneyland: Why Thieves and Crooks Now Rule the World and How to Take It Back* (Profile, 2018) は、汚職、ロビー活動、不透明な国際融資の世界の最良の概説書だ。トム・バージスの *Kleptopia: How Dirty Money is Conquering the World* (William Collins, 2020) と、フレデリック・オーバーマイヤーとバスティアン・オーバーマイヤーの *The Panama Papers: Breaking the Story of How the Rich and Powerful Hide Their Money*（『パナマ文書』２０１６年、ＫＡＤＯＫＡＷＡ）も読む価値がある。サラ・チェイズの *Thieves of State: Why Corruption Threatens Global Security* (W.W. Norton, 2015) は、汚職と安全保障に関する古典的な研究だ。解決策よりも問題に焦点を当てることは簡単だが、アリナ・ムンギウ＝ピピディとマイケル・ジョンストンが編集した *Transitions to Good Governance: Creating Virtuous Circles of Anti-Corruption* (Edward Elgar, 2017) は、対策をテーマにしている。

第6章　犯罪

2014年9月、エストニアの治安警察（KAPO）の警官エストン・コフヴェルは、情報提供者のひとりであるマキシム・グルズデフという下っ端の密輸業者に会いに出かけた。落ち合う場所はロシア国境付近のミークセという村の近くにある森だったが、とくに心配する理由はなかった。彼が追っているのは、危険で政治的に慎重な対応が求められる事件ではなく、エストニアの30パーセントの物品税を回避しながら、国境を越えて非課税の偽造タバコを持ち込んでいたタバコ密輸業者だった。これはよくある単純な密輸だ。そのうえ、彼はタウルス社の制式拳銃を携行しており、支援チームが近くに控えていた。これで何の問題があるだろう？

突然、彼の背後で発煙手榴弾が炸裂して、同僚から彼の姿は見えなくなった。同じタイミングで、同僚の無線機は軍用送信機によるジャミング攻撃を受けた。コフヴェル自身はスタングレネード閃光発煙筒で目がくらみ、瞬く間にロシア連邦保安庁（FSB）の対テロ精鋭部隊「アルファ」

の重武装コマンド――全員目出し帽（バラクラヴァ）と防弾チョッキを身に着けていた――に捕らえられた。彼らは拘束したコフヴェルをモスクワへと連れ去った。その日のうちに、彼はスパイ活動でロシア領に不法侵入したことで告発された。ロシアの国境警備隊がこの件に関与していないことは明白だったが、両国の国境警備隊はコフヴェルの行動を確認する共同コミュニケに署名した。1年後、コフヴェルは国に戻された。KAPOの将校であり、ロシアの協力者であったアレクセイ・ドレッセンとの囚人交換だった。しかし、それはコフヴェルが誘拐された理由ではなかった。

コフヴェルが調査していた小物の密輸業者たちは、ロシアに買収されていたことが明らかになった。彼らは小規模なスパイ活動を行うことの見返りとして、国境を自由に越えることを許可されていた。さらに、分け前の一部をヨーロッパの銀行にリベートとして返し、ロシアがその「闇口座（チョルナヤ・カッサ）」の資金を利用できるようにしていた。こうしたロシア政府の手垢（てあか）がついていない金は、ヨーロッパでの政治活動費として使用される。

なお、グルズデフは密輸業者からスパイに転身したひとりにすぎないことが判明した。KAPOは少なくとも5人の身元を特定した。その多くはエストニアの市民権を持つロシア系（1991年のソ連崩壊によって、さまざまなコミュニティが旧ソ連の領土で混ざり合い取り残されていた）であり、次のような経緯でスパイになった。通常、彼らはある時点でFSBに連行されるかトラブルに巻き込まれる。そして、スパイになるか刑務所に行くかを提案される。もちろん、ロシアの刑務所だ。彼らがスパイを選んだのは無理もなかった。

彼らは大物ではない。実際、エストニアでは「雑魚（プリュギカラ）」と呼ばれている。「雑魚」が役立つのは基本的なインテリジェンスの収集だ。そのひとりであるパーヴェル・ロマノフは、エストニア国境警備隊に関する情報提供から始め、その後、軍事施設に関する情報や、スパイ衛星や通信傍受では収集できない情報――誰が酒飲みで、誰が金の問題を抱え、誰が浮気をしているかといった警察官や治安当局者のゴシップ――出所を突き止める任務が与えられた。

これはどれも決定的に重要とはいえない。しかし、情報収集の技術というものは、いつか価値が出てくるかもしれない細かいことを忍耐強く集めることであり――ギャンブルをする将校をスカウトできるだろうか？――その意味では、主要な作戦やスパイ行為と同程度の価値がある。これらの「雑魚」ひとりひとりは、小さな情報提供者、小さな財源、さらに小さな投資でもあり、捕まっても小さな損失だ。しかし、ＫＡＰＯがまだ逮捕していない他の「雑魚」は、ロシアの通常の諜報活動を補完し作戦に影響を与えている。

また、これはそのような活動の唯一の舞台ではない。たとえば、２０１０年にアメリカで見つかったロシアの極秘工作員の「イリーガルズ」（ロシアは彼らに数百万ドルを費やしたに違いないが、当の本人たちはワシントンＤＣのダウンタウンでカフェラテを買うのにいちばんの店以上の報告をしたことはないだろう）のなかで最も印象的な人物は、「クリストファー・メトソス」ことパーヴェル・カプースチンだ。「イリーガルズ」の残りはFBIに一掃されたが、メトソスはキプロスまで逃げ、そこで消息が途絶えた。何人かのヨーロッパの警備員は、プロの密航斡旋者——国境を越えさせる専門家——の助けを借りてギリシャに密航し、ギリシャからロシアにこっそり戻ったのだろうと私に言った。

ギャング・スパイ連合

宣戦布告された戦争であれ宣戦布告なき戦争であれ、犯罪者を代理人としてスカウトすることはちっともめずらしいことではない。イタリア・ルネサンスでは、都市国家、公国、家系のあいだの対立が起こると、しばしば暗殺者が雇われた。すでに述べたように、公認の海賊である私掠船は古くから利用されていた。第2次世界大戦中、アメリカ政府はマフィアと独自に取引を行っていた。当初ギャングは、アメリカ海軍情報部に代わって、ニューヨーク埠頭の枢軸国側スパイや妨害工作員を監視したが、その後労働抗議を抑圧することにも手を広げた。やがて彼らは、連合国が1943年にシチリアを占領するのを支援するために地元の協力者や情報を提供することになり、その見返りとして南イタリアで勢力を復活させるための自由裁量が認められ、ファシストの取り締まりで失われた土地の大部分を取り戻した。

冷戦中、マフィアはキューバの指導者フィデル・カストロの殺害を依頼された。アメリカ政府はラテン・アメリカのコカイン・カルテル、さらにはその仲間や仲介者たちに手を焼きながらも、ソ連の影響に対抗するために彼らを利用した。コカインによる利益でニカラグアの革命政権と戦うための銃を買う「コントラ」の行動は黙認された。自分の国を麻薬密売人の楽園に変えて何百万ドルも稼いだパナマの軍事独裁者の「パイナップル・フェイス」ことマヌエル・ノリエガは、ＣＩＡの協力者だったが、残忍な統治と腐敗で名を馳せるようになり、１９８９年にアメリカに打倒された。

手頃なスパイや協力者を探すために犯罪組織に目を向けたのは、アメリカに限ったことではない。ソ連は当初から、秘密警察の強化や強制収容所（グーラーグ）の管理などの目的で自国の犯罪者を使っていた。彼らは海外の犯罪者を雇うことにも積極的であり、ゲリラ、過激派、革命家、テロリストなどがソ連の支援を受けていた。ドイツのギャング団バーダー・マインホフ（彼らは「赤軍派」という名称を好んだ）は、ソ連支配下のポーランドに避難所を与えられていたことがあった。パレスティナは一時期、ほぼ産業規模で航空機をハイジャックしていたが、アメリカに亡命した元ルーマニアのスパイのイオン・ミハイ・パチェパによると、ＫＧＢの外交諜報部門責任者のアレクサンドル・サハロフスキー将軍が「飛行機のハイジャックは自分の発明だ」と得意げに話したことがあるそうだ。

さらに、彼らは特定のイデオロギーに拠らない犯罪者まで平気で利用した。たとえば、ソ連は１９７０年代に多くのユダヤ系がアメリカに移住することを認めたが、それはユダヤ系の常習犯を刑務所から追い出すためだった。大部分は自分で合法的な新生活を築いたが、ロシア系とユダヤ系が多いニューヨークのブライトン・ビーチ地区のギャングのボスになったエフセイ・アグロン（家畜用の電気棒を好んで武器にした）のような一部の人間は、アウトローな生き方に固執した。ソ連の立場で言えば、自分が抱える問題の一部を地政学上のライバルに押しつけることだったが、追放されたギャングの一部は有望なスパイ候補だった。一方、キューバからブルガリアまでのソ連の同盟国と従属国は、西側で問題を引き起こすことと、待望のドルを手に入れることの両方の目的のため、ＫＧＢの監視下で麻薬や銃の密売に加担した。

ニュー・（アンダー）ワールド・オーダー

冷戦後のグローバル・アンダーワールドの陰で、ギャングの募集から、麻薬・銃・移民の流れの操作、単純な汚職にいたるまでの犯罪は、新しい地政学上の紛争において重要性を増している。ギャングは、パーリア国家［国際社会から疎外されている国］が制裁を破り、資金を調達するのを支援している。これを一種の国家プロジェクトにしてきたのが北朝鮮だ。「朝鮮労働党中央委員会事務局39」という長ったらしい名前の部署は、事実上この隠者王国［中国以外の諸外国との接触を断っていた1637〜1876年頃の朝鮮につけられた名称］が行う組織犯罪の拠点として機能している。この事務局は、メタンフェタミン（政府研究所で生成された）や外国の偽造紙幣（政府造幣所で印刷された）を不正取引し、石炭から偽の「メイド・イン・チャイナ」の繊維製品にいたるまであらゆるもの（もちろん、政府の鉱山や工場で得られたものだ）を密輸している。多くの場合、この部署は他部署と連携して資金を調達している。EUによると、朝鮮国家保険会社が関与した国際的詐欺事件によって、北朝鮮は年間数千万ドルを稼いでいると脱北者が証言した。年間の推定収入5〜10億ドルの大部分は、最高指導者金正恩のライフスタイルを支えるために費やされるが、一部は核計画や最新鋭コンピュータの購入に流れており、北朝鮮のハッカーはそれらを使ってサイバー犯罪（およびさらに金を稼ぐこと）と世界中の敵対者に嫌がらせをしている。

犯罪によって制裁を迂回または最小化している国は北朝鮮だけではない。アフリカの紛争地域で採掘される「紛争鉱物」は、主に軍事指導者や反政府勢力の収入源となっており、シエラレオネの残酷な革命統一戦線などは「血塗られたダイヤモンド」を国際マーケットに密売して年間1億2500万ドル相当の利益を得ていたが、政府側も密売に関与していた。2004年、コンゴ共和国は国連のキンバリー・プロセス――「血塗られたダイヤモンド」を正確に除外することを目的とした計画——から除名された。その理由は、腐敗が深刻なサス＝ンゲソ政権が公式に生産したダイヤモンドの１００倍の量を輸出していたためだ。これらは、コンゴ民主共和国とアンゴラの国境を越えて採掘されたダイヤモンドであり、明らかな制裁破りだった。それでも数年のあいだ、この違法なダイヤモンド輸出は、味方が少なく、贅沢を好む政府の指導部にとって、旨味のある追加的な収入源になった。

制裁下のイランでは、軍事組織であるイスラム革命防衛隊がヘロインの密輸事業に参入し（そして、既存のギャングによるイランの国境を越えた密輸に課税した）、近代化と海外活動のための資金を調達した。その精鋭部隊であるゴドス軍は、アフガニスタンのヘロインをヨーロッパに密輸して地元の犯罪ネットワークに販売した。アメリカ政府はイスラム革命防衛隊の高官であるゴラムレザ・バグバニ将軍を「特定麻薬密売人」に指定した。アメリカ政府によると、やはり制裁下にあるベネズエラは、コロンビアの麻薬テロリスト運動ＦＡＲＣを含む麻薬密売人と契約を結び、分け前の見返りとして国境を越えた貨物や飛行機の自由な移動を認めている。

だが、１９９０年代の最大の恐怖は、管理が行き届いていない旧ソ連の武器庫から、核物質や武器が犯罪者の手に渡ることだった。これらの武器庫には、約3万９０００発の核兵器、約１５０万キロのプルトニウムと高濃縮ウランがあった。ギャングがこれらを押さえて政府に高く買い取らせたり、すぐに核能力を持ちたい「ならず者国家」に実弾頭を売ったりする可能性はあったのだろうか？　それは、ばかげた不安ではなかった。たとえば１９９３年、金に困ったロシア海軍の将校２人が、北部の港湾都市ムルマンスク郊外にあるセブモルプーチ海軍造船所に車で向かい、ゲートで暇そうにしている兵士を迂回して、防護フェンスに空いた穴から敷地内に侵入した。彼らは、原子力潜水艦用の燃料が入っている貯蔵庫の扉の古い南京錠をのこぎりで壊して中に入り、１００本のウラン燃料棒のうちの３本を盗んだ。のちに軍の捜査官は「ジャガイモの泥棒対策のほうがましだ」と愚痴をこぼした。６カ月後、２人は盗んだウランの販売を手伝ってくれることを期待して同僚に打ち明けたが、それがもとで逮捕された。彼らは盗品を金に換える方法さえ考えずに盗みを犯したのだ。

もちろん、彼らは犯罪の帝王ではない。そのことは、なぜ００７シリーズを彷彿させる最悪のシナリオが実現しなかったのかを説明する一助になる。イスラエルの強力な諜報機関であるモサドと浅からぬ関係があったある高官は、私にこんなことを言った。「ギャングは自分の利益を享受したいだけだ。国を脅すとか、テロリストに核を売るなんてことをしたら、それまでの商売ができなくなることくらいわかっているよ」

核物質の闇市場のようなものはあるにはあった。だがたいていは、前述のケースのように、数人の命知らずが、医療スキャナーなどを製造している工場から低レベルの放射性物質を略奪して車のトランクに乗せて持ってきた。彼らはたいてい略奪品の売却を覆面警察官に持ち掛けることになった。なお、「レッドマーキュリー」なる架空の物質が裏社会で話題になったことがあった。噂によれば、これはソ連が発明した超極秘物質で、原子爆弾からステルス航空機のコーティングまであらゆるものに応用可能なのだという。しばらくのあいだ、この物質をめぐる奇妙な「循環」が続いた。詐欺師たちは見込み客に10万ドルや20万ドルで売ろうとした。なかには1キロで180万ドルを要求する者もいた。彼らが売りつけたものはたいていの場合、ただの赤い液体で、信憑性を高めるため明るい色をしていた。他方、テロリスト（オサマ・ビン・ラディンもいたと言われている）、無法国家、おとり捜査を実施していた諜報機関などは、みんなこの物質を買おうとし、さらに多くの詐欺師がこのゲームに参加した。2000年代、このフェイク市場はほとんど機能していなかったが、奇妙なことに2009年のサウジアラビアで再出現した。ミシンメーカーであるシンガーの針にはレッドマーキュリーが入っているという噂が広まった。その理由はまったく説明されなかったが、シンガー製ミシンの市場価格は突然10倍に跳ね上がった。金になる新しい市場が出現したことを知ったギャングが、仕立屋や倉庫に侵入してミシンを盗むようになった。人々は市場がさらに上昇することを期待していたが、この窃盗のような買付が本質的にどの程度投機的な進出なのかは不確かだった。クウェートの多国籍企業からさらに怪しいプレイヤーまで、ミシンの買い占めに熱心な勢力についての噂がついて回ったが。

それはそれとして、本物の核トレーダーはスーツや白衣を着ている。パキスタンの核物理学者で、同国のウラン濃縮産業や核兵器計画の重要人物であるアブドゥル・カディール・カーンは、過去に欧州ウラン濃縮遠心分離機協会で勤務したときに得た機密情報を提供した。彼はまた、パキスタンが製造できない部品を購入するためのダミー会社を次々に設立した。しかし、彼はそこで止まらなかった。いわゆる「カーン・ネットワーク」は、爆弾や同位体ではなくノウハウの不正取引に関与していた。イランとリビアが独自の遠心分離機を製造できたのは彼のおかげだった。さらに、パキスタンは爆弾投下用のミサイル技術を必要としており、北朝鮮はミサイルは持っていたが、それらに取りつける点火装置をさらに必要としていた。そのため1990年代を通して、カーンは両国間の安定的な情報交換を仲介した。制裁破りは相互交換に変化したのである。2004年、カーンの行動はパキスタン政府によって公式に批判され、彼は自宅軟禁に置かれたが、首都郊外にある広大な屋敷での快適な軟禁生活だった。アメリカの圧力にもかかわらず、2009年に正式に解放された。それ以来、カーンは「パキスタンの救世主（モーシン・エ・パキスタン）」と称賛されてきた。これで犯罪が割に合わないと言える者がいるだろうか？

つまり、1兆ドル以上の推定年間売上と世界中に広がる相互接続性によって、アンダーワールド（裏社会）は国際秩序に挑戦するための魅力的かつ危険なツールになっている。国際的な評判や国内の治安において、このツールを使うことは常に高くつくが（犯罪者との取引は再交渉される傾向があるため）、降伏しか他の選択肢がないなら、体制側は喜んで彼らに金を払うだろう。

さらに言えば、アンダーワールドは防御的な資産として外部からの圧力の影響を軽減できるだけではない。非常に攻撃的な資産としても使うことができる。この「武器」は、否認可能かつ非対称であり、リスクを冒す覚悟があれば、小国であっても大国に使うことができるのだ。

「愛国ハッカー」とサイバー傭兵

ダーク・ベイスンは雇われハッカーの集団である（だった）。伝えられるところによると、このグループはユーチューブやドロップボックスのような人気サイトに似た2万8000件ものウェブページを作成し、多数のジャーナリスト、権利擁護団体、政治家、企業を偽のメールアドレスへと誘導したそうだ。それらはいわゆる「スピア・フィッシング」の一種であり、ユーザーをだましてパスワードを入力させ、彼らの個人データやメールにアクセスできるようにするものだった。ターゲットには、石油業界と衝突していたグリーンピースのような環境運動家や「憂慮する科学者同盟」［原子力・核兵器開発に反対するアメリカの科学者の連合］だけでなく、不正会計の疑いがあるドイツのテクノロジー企業の批判者も含まれていた。毎日メール攻めにあった人もいれば、プライベートなやり取りがネット上に漏洩する人もいた。

カナダのトロント大学ムンク国際問題・公共政策大学院を拠点とするシチズン・ラボは、「強い自信」を持って、この事件がベルトロックス・インフォテックというインド企業の仕業であると発表した。この怪しい技術コンサルタント会社は、とある喫茶店の上の階にオフィスを構えていることがわかった。彼らは「あなたが望むことを実現します！」という力強いキャッチコピーで自らをサイバーインテリジェンス・プロバイダーとして宣伝していた。偽装組織や秘密保持契約や法律事務所という厚いヴェールで正体を隠した特定のクライアントが望んだことは、どうやら、敵対者に迷惑をかけたり、脅したり、プライバシーを侵害したりすることであり、誰かがそれらを「実現した」のだ。

これは、組織化されたサイバー傭兵というより大きなトレンドの一部である。彼らは安全な通信ネットワークへの侵入から個人への嫌がらせまで、あらゆることを実行でき、そのようなサービスを必要としている人に売り込んでいる。当初、相手は犯罪者や民間部門であることが多かった。他人のアカウントからホテルの還元ポイント5万ポイントを盗みたいだろうか？　デル・セキュアワークスによると、現行レートは10ドルと低い。だが、「Ｓｐｄｒｍａｎ」というイギリスのハッカーは、リベリアの通信会社の幹部に月1万ドルで雇われ、ライバル社を攻撃した。彼は攻撃に熱中するあまり、２０１６年にリベリアのインターネット全体をクラッシュさせてしまった。

ハッカーは本書全体にわたって出現する。このまま世界の電子化とヴァーチャル化が進むと、ある時点で私たちは「サイバー犯罪」について具体的に論じることをくどく感じるときが来るかもしれない。そのときは、非常に多くの犯罪がインターネット上に移行してしまっているだろう。確かに、インターネットは敵国と貪欲なギャングの親友だ。しかし、国家がインターネットの新しい機能を使用する具体的な方法については、ここで少し論じる価値がある。

ときとして、国家自らがサイバー犯罪者のような行動に出ることがある。２０１９年の国連安全保障理事会の報告によると、北朝鮮のハッカーはわずか20カ月の活動で約５億７１００万ドルを盗んだと推定されている。他に北朝鮮が関与したとされる大規模な窃盗を挙げると、２０１６年にニューヨーク連邦準備銀行のバングラデシュ中央銀行の口座から８１００万ドル、２０１８年にインドのコスモス銀行から１３５０万ドル、チリ銀行のＡＴＭネットワークから１０００万ドルなどだ。飢餓に瀕している北朝鮮にとって、こうしたサイバー攻撃は資金調達のための重要かつ実行可能な方法だったが、同時に諸外国に対する挑戦でもあった。

また、国家はハッカーをスカウトする。ロシアのさまざまに競合する情報機関とセキュリティ機関がサイバー作戦の価値を理解するようになると、対外情報局（ＳＶＲ）と軍参謀本部情報総局（ＧＲＵ）は従来のルートを取り、情報科学科の若くて優秀な卒業生を採用してサイバー能力を強化した。連邦保安庁（ＦＳＢ）――プーチンの古巣であり、プライドが高く、規則や伝統による制約が少ない機関――は、手抜きができると考えた。ＦＳＢは長い間ハッカーの世界と密接な関係にあった。ロシア政府が、2007年のエストニア（旧ソ連の記念碑の撤去をめぐる論争が原因）、2008年のジョージア（短期間の南オセチア紛争中に）、2014年のウクライナ（軍事的・政治的干渉と並行して）などのターゲットに対して大規模な攻撃を望んだ際、FSBは「愛国ハッカー」を煽り立てた。彼らの多くは喜んで国の力になろうとしたが、一部は参加するか刑務所に行くかの二択を突きつけられた。

その後、FSBはさらに踏み込んで、特定のハッカーに情報セキュリティセンターであるTsIBの仕事を与えた。このときも拒否すれば刑務所行きであり、断れない話だった。しかし、軍の身分証明書と階級が与えられても、彼らの多くがすぐに国家の「忠実なドローン」になれなかったのは無理もない。FSBがライバルを出し抜き、ハッキング能力を容易に使うための狡猾な方法と考えていたことは、実際には、犯罪者が国家の全権限を使って犯罪を行う機会を得ることや、古い仲間に仕事の世話をすることにつながった。たとえば、「Forb」というハッカー名のドミートリー・ドクチャーエフ少佐は、2014年にハッカー3人を使って50万人のヤフーユーザーのデータを盗んだとしてFBIに非難された。ドクチャーエフが求めていたのはインテリジェンスのデータであり、残りは3人が売っていいことになっていた。

だが、このアクセスを自分のために利用したいという気持ちを彼らは抑えられなかったようだ。間違いなく、それが理由でハッカーになったのだろう。2016年後半、面目が立たなくなったFSBは、TsIBの所長代理であるセルゲイ・ミハイロフとともにドクチャーエフを逮捕しなければならなかった。結局彼らは反逆罪で有罪判決を受けたが、報告によれば、一連の犯罪行為にも関与していたそうだ。とくに、彼らはアノニマス・インターナショナル——ロシア政府の文書、高官についての不名誉な情報のリーク、不正な金儲け、その他の悪質な行為で有名なハッカー集団——とつながりがあり、自らが関与した犯罪を「シャルタイ・ボルタイ」（ハンプティ・ダンプティ）というブログに投稿していた。

もちろん、これはロシアだけの問題ではない。中国と北朝鮮の国家ハッカーも、明らかに個人的な利益のために副業に手を出している。たとえば、中国国家安全保障省の済南支局が運営し、西側でAPT17［「APTは「高度で永続的な脅威」のこと」］として知られるハッカー集団は、使用ツールと操作スタイルがAPT41とまったく同じであることが証明された。APT41はプライベートハッキングに関与し、そのサービスのレンタルまでしていた。一見すると、APT41とAPT17のメンバーが同時に活動しているようには見えないのだが、政府の運営担当者が勤務時間外の副業で高度なツールを自由に使用しているという事実が、彼らが同一人物であるという考えに説得力を与えている。

いずれにせよ、合法な国家と非合法なネットワーク、犯罪と政治術の境界の曖昧さは、サイバー空間という野放しで変化のスピードが激しい領域において最も顕著である。これらは新しいチャンスであり、ときにまったく新しい犯罪である。皮肉なことに、秘密の戦争を仕掛ける手段として、国家がギャングを利用する別の絶好の機会は——知恵の木のリンゴをくすねることを除けば——あらゆる犯罪のなかで最古のものである「殺人」である。

暗殺株式会社

シリア北部のロジャヴァは、残忍なアサド政権に対して多くのクルド人が蜂起した地域だが、彼らは同時にイスラム国のジハード主義者や、何世代にもわたって自国のクルド人を抑圧してきた隣のトルコ政府に対しても抵抗している。彼らはシリア内戦の真っ最中に独立領、あるいは少なくとも自治領ができることを望んでいた。2019年10月、シリアの政党「クルド人の未来」の事務局長であるヘヴリン・ハラフが他の2人とともにM4高速道路を通行していたときに殺した屋に車を止められた。ハラフは外へ引きずり出されて、道端で殺害された。多数の銃弾を浴びた彼女の死体はスマートフォンで撮影されて、インターネットで公開された。

これは、トルコ軍がシリア北部に独自の攻撃を開始した数日後に起こった。シリアにおけるクルド人国家の可能性を踏み潰す狙いがあった。この殺人は明らかに意図されたものであり、無差別殺人ではなかった。彼女の家族、「未来のシリア」、国際人権組織はいずれも、トルコから資金提供と武器供与を受けたイスラム過激派の民兵組織アハラール・アル・シャルキヤの犯行を疑った。アムネスティ・インターナショナルが述べたように、トルコは「戦争犯罪を武装集団に外注」していたのである。

とどのつまり、国家は殺人を欲することがある──いや、殺人の必要性を感じることがある。専属の工作員を使うこともできるが、それにはさまざまなリスクがともなう。とりわけ、スマートフォンや防犯カメラ、コンピュータ化されたフライトやホテルの記録が監視の目となっている現代の「超監視社会」においては。サウジアラビア総合諜報局の15人の精鋭チームが、反体制派ジャーナリストのジャマル・カショギをイスタンブールの領事館で殺害したとき、彼らは映像が記録されているとはまったく考えておらず、国際的なスキャンダルになった。ロシア軍参謀本部情報局の将校2人が、元スパイのセルゲイ・スクリパリを毒殺しようとしたとき、彼らは自分たちがすぐに特定されるとは考えていなかった。そして、これが原因となって、27カ国から153人のロシアの工作員と外交官が追放されることになった。

暗殺を密かに行うのは難しい。どうしても目立ってしまう(それに、誰もがドローンでターゲットを殺害できるわけはないし、ばれずに逃げ切れるわけでもない)。そこで、国家は殺人のプロに依頼することになる。失敗に終わったふたつの独立戦争で、ロシアと戦ったり反政府勢力に資金提供やその他の支援を行った多くのチェチェン人がヨーロッパ中で殺害された。雇われギャングの犯行であることがいくつも判明した。たとえば、ネオナチの自動車泥棒が２０１１年にモスクワからトルコに渡り、３人のチェチェン人を射殺して故郷に戻った。また、指名手配の殺し屋——不思議なことに前科が一掃されていた——が、２０１９年にベルリンのチェチェン人に接近し、頭を2回撃った。誰もがロシア政府が最終的に引き金を引いたと思うかもしれない。だが、その証明は想像以上に難しい。

　ロシアはとくにギャングを代行者として使うことに積極的だが、殺人だけでなく暴力や脅迫まで対象を広げれば、ギャングの使用はロシアに限ったことではないことがわかる。１９９７年、香港の支配権を取り戻そうとしていた中国は、「愛国的であるから」何も心配することはないと言って、黒社会（暴力団）の三合会（さんごうかい）を存続させる立場を明確にした。だが、これに交換条件があったことは明らかだ。２０１４年以来、中国政府への反対者は、警察のように自制力のない狂暴な若い男たちの襲撃を受けてきた。これは香港に限ったことではない。台湾の中華統一促進党は、中国本土で長く過ごした竹聯幇（ちくれんほう）という黒社会の元指導者によって設立された。中華統一促進党は暴力的な抗議運動を定期的に行っている。その主な目的は、台湾政権に揺さぶりをかけ、国の制度と民主主義を弱体化させることだ。

遠征戦、ゴッドファーザー・スタイル

大局的に見て、この種の作戦は本当に意味があるのだろうか？　リベリア全土をクラッシュさせたハッカーのような犯罪者は、第11章で述べる「武器化された不安定性」のような場合に有用かもしれない。だが、彼らの大部分は、制裁を弱体化させる場合もあるが、国家を打倒したり政策を180度変更させたりすることは目指していない。犯罪を武器化することの実際の影響はより把握しづらい。犯罪者は強制や勧告という他の積極的な手段の実質的な効果倍増器（フォース・マルチプライヤー）である。政治的転覆を支援するための「闇口座」の資金調達に利用される場合があるし、現に利用されている。内部告発者や不都合な批評家を沈黙させられる。相手側のスパイが利用する不都合な情報をハッキングする。要するに、かつてのアメリカがシチリア島で証明し、現在のロシアがウクライナで証明したように、敵性国家は犯罪組織まで利用して、従来型の軍事作戦への道を開くことがあるのだ。

次に、彼らはターゲット国の政治的・経済的資源を徐々に食いつぶしていく。密輸業者が何のお咎めもなしに国境を越えているなら、ハッカーが苦もなくあなたの重要なシステムに侵入して悪ふざけできるなら、ギャングがあなたの街で堂々と喧嘩や殺人を行っているなら、どのくらい自分の国が信頼できるだろうか？　また、人々が自分たちの心配を解決する代替的かつ根本的な方法を探そうとする可能性はどれくらいだろう？　犯罪を厳しく取り締まるというレトリックは、フィリピンのロドリゴ・ドゥテルテ（「マニラ湾に犯罪者の死体をまき散らす」と誓った）からブラジルのジャイール・ボルソナーロ（「殺人をしない警察官は警察官ではない」と言い切った）まで腐敗にまみれた権威主義的なポピュリストの台頭を許してきた。彼らの多くは「仕事を続けたければ見返りを払え（ペイ・トゥ・プレイ）」というアプローチを採用しているが、そのせいで然るべき人間が成功した際に、外国や外国企業が現地の法律を無視して方針を決めることが可能になっている。またあるときは、国は犯罪と戦う必要性によって、外国からの影響に無防備になることさえある。たとえば、長いあいだ分離主義者と政府軍との激しい紛争に悩まされていたミャンマー南東部のカレン地域では、もっぱらカンボジアから追い出された黒社会と結びついた違法カジノや工業地帯など数多くの犯罪ビジネスが出現した。自力で対処できないミャンマーは中国に支援を求め、結果としてミャンマーの中国依存をさらに強めることになった。

より一般的には、犯罪は損失をともなう。イギリスの国家犯罪対策庁は２０１９年、組織的な凶悪犯罪により、少なくとも年間３７０億ポンドの負担が国にかかると見積もった。これはイギリスの防衛費の総計に近い額だ。リソースを税関パトロールや薬物治療センターに、あるいは詐欺賠償プログラムや警察の再編成に転用しなければならないなら、その資金を軍隊や対外援助やその他の戦力投射手段に費やせなくなる。戦力投射に関して言えば、国家は、好戦的な体制や無法な体制を抑止するためにしばしば利用される制裁やその他の手段を回避したり弱体化させたりするために、裏社会を利用することがある。

さらに言えば、以前の章で述べた経済侵略は、しばしば犯罪者によって、あるいは犯罪者と連携して実行される。王立カナダ騎馬警察とカナダ安全情報局の合同調査であるサイドワインダー作戦は、中国政府の諜報機関と結びついている黒社会の戦略的な企業買収と財産購入を調査した。これはショックなことではない。おそらくより憂慮すべきは、この報告が１９９７年にさかのぼることと、しばらくのあいだ伏せられ、のちに大幅に内容が薄められて公表されたということだ。そのときでさえ、カナダ政府は「ギャング・スパイ連合」の存在を認め、中国を遠ざけることに消極的だったようだ。だがその後、オーストラリアからジンバブエまで同じパターンが何度も現れている。ロシアは「雑魚」を使ってインテリジェンスを収集するかもしれない。だが中国のスパイと隠れインフルエンサーは自国の「サメ」を御しているのだ。

警備とは安全の確保である

犯罪と国家の関係は常に複雑だった。これは単に影響力や諜報活動のために使用される少数のギャングについてだけ言っているのではない。社会学者のチャールズ・ティリーは、中世後期とルネサンス期の国家形成プロセスが犯罪組織の戦術を反映したように、今日、国家とギャングの境界は予想以上に浸透性が増していると指摘した。ソマリア・プントランド政権［ソマリア北東部の氏族が自称する自治領］の海賊は、国際社会との取引がうまくいくようになると、「海賊ハンター」として生まれ変わり、その過程で事実上の国家を形成した。この国家は、まだ公式に認められていないかもしれないが、独自の海軍、国旗、テレビ局、空港を持っている。モルドバから分離した「沿ドニエストル・モルドバ共和国」を自称する地域も、地元のギャングとロシアの帝国主義者の合弁事業として1990年代に作られた。ウクライナ南東部では、ロシアへの忠誠を公言し、ロシアからの支援を受けた軍事指導者や密輸業者がいくつかの「人民共和国」を運営している。これらの国々は事実上、彼らの私腹を肥やすために存在しているが、南東部での戦争が長引いている原因にもなっている。

犯罪と政治術の境界が曖昧になっているなら、私たちは前者を後者と同じくらい真剣に取り扱わなければならない。要するに、裏社会はしばしば「堅気の世界（アッパーワールド）」の寛容さによって定義される。たとえば、9・11後、アルカイダとの戦いの必要性は、テロリストの資金調達に対するアメリカ主導のキャンペーンの大成功につながった。「闇資金（ダークマネー）」を動かし洗浄するネットワークは、ジハード主義者の資金を扱うことが危険で割に合わないと考えるようになり、取引を拒否するか手数料を途方もなく引き上げるかした（アルカイダは往々にして、ダイヤモンドと札束が入ったスーツケースを運ぶプロに頼らざるを得なかった。ただし運び屋の多くは、スーツケースとともに行方をくらまし、優雅な新生活に逃げ込んだ)。だがその後、私たちはより広い教訓を学んでこなかった。私たちは、犯罪者、横領政治家、税金逃れの億万長者、企業のために世界中の金を動かし洗浄するルートやブローカーを取り締まらなかった。ひとりのきわめて特殊なクライアントと取引しないようにと彼らを説得するだけだった。

同様に、国家は犯罪も安全保障上の問題であると口先では言うが、大部分は実際に行動を起こしていない。これは驚くことではない。警察も警備員もさまざまな方法で働き、さまざまな目標を持っている。警察は通りを安全にしようとし、公開法廷において提示された証拠で勝った判例をよりどころにする。スパイは活動を混乱させること、個人を「転向」させること、偽情報を流すこと、治安よりも国家を優先することに関心があるだろう。

これは当然そうあるべきだ。治安当局が常に自ら法廷で立証できた情報源をよりどころにしなければならないとしたら、捜査どころではなくなってしまうだろうし、私たちが判例を無視する警察を見逃すなら、警察国家になる道を進んでいるということだ。しかし、有害な外国の干渉を助長していると思われる犯罪や犯罪者に対しては、真剣かつ持続的に取り組まなければならない。結局のところ、リソースは治安維持にとってありがちな制約だ。限られた予算で活動し、しばしば社会と政治の非現実的な期待を受けて仕事をする警察は、すぐに有罪につながりそうな路上での行為や事件を優先するだろう。深刻な組織的犯罪、泥棒政治の資金移動者、諜報機関と結びついたギャング――彼らはみな困難なターゲットであり、相当な運用上のセキュリティにガードされており、自分の立場を守るために優秀な弁護士やロビイストを雇うことさえできる。

それらに対処するために、法の執行者は新しい法律、もしくはよりよい法律を必要とするかもしれない。とりわけ「闇資金」に関しては。だが一般的に、その任務を遂行するためにはリソースと時間の両方が必要になる。調査は長期間にわたり、費用がかかり、有罪を勝ち取るのが困難である場合が多い。警察と検察官は、有罪率という測定基準に執着してそのような面倒な事件を避けることがないように、理に適っていれば、失敗も認められなければならない。

さらに言えば、各国は経済的に不利になったり政治的に微妙になる場合であっても、世界中の腐敗と戦うという崇高な誓約を最後まで守ろうとしなければならない。たとえば、EUはバルカン半島において政治の透明性を勧告している。しかし彼らは、半専制的な政権を運営し、自分たちやその支持者の利益になる泥棒政治を行いながら、民主主義の理想を語る、いわゆる「安定主義的な」指導者を長期にわたって積極的に容認し、奨励してもいた。短期的な政治上のご都合主義は、何度もブリュッセル［EUの首都］の真の意欲を打ち負かし、空約束を実行することに意思とリソースを向けさせた。その意欲とは、真の独立系メディアを促進し、それらを抑圧する体制にペナルティを課すことである。地元の警察、司法、監視団体への真剣で持続的な支援をすることである。泥棒政治家と彼らが自由に口座を持ち、支出し、休暇を取り、海外に投資する自由に直接的な圧力をかけることである。とりわけそれは、短期的には、泥棒政治家が幸せにならないことを受け入れる意欲のことである。彼らは他の後援者、すなわち腐敗が問題ではなく資産である国に目を向けるかもしれない。それならそれでいい。必要なのは、長期的には彼ら――もしくは彼らの政治的な後継者かもしれない――が孤立状態から抜け出したくなるはずだという確信と、この紛争は簡単には片付かない問題だという理解である。

犯罪は敵性国家のますます有用な手段になっているが、犯罪者は現実である。最善の対応は、そのような連携に対するリスクとコストを引き上げることであり、その効果は、アルカイダが理解したように、すでに証明されている。残念ながら、私たちは犯罪を排除することは決してないが、少なくとも「許容可能なギャング行為」の限界を定義することは可能である。

推薦図書

レティツィア・パオリが編集した *The Oxford Handbook of Organized Crime*（OUP, 2014）は安価ではないが、この話題を論じている。ミーシャ・グレニーの *McMafia: Seriously Organised Crime*（Vintage, 2017）（『世界犯罪機構――世界マフィアの「ボス」を訪ねる』２００９年、光文社）もこの話題を扱っており、非常に読みやすい。犯罪や犯罪と国家の関係を論じた優れた本はたくさんある。最近出版されたジェームズ・コケインの*James Cockayne's Hidden Power: The Strategic Logic of Organised Crime*（Hurst, 2016）はその1冊だ。人類学の興味深い見解については、キャロリン・ノードストロームの*Global Outlaws*（University of California Press, 2007）を読んでほしい。AQカーンについては、ゴードン・コレーラの*Shopping for Bombs*（Hurst, 2006）（『核を売り捌いた男――死のビジネス帝国を築いたドクター・カーンの真実』2007年、ビジネス社）が有益だ。ロシアが外国でいかに犯罪者を使っているのかについては、拙著*The Vory*（Yale UP, 2018）でより詳しく検討されている。

第3部
戦争は
いたるところにある

第7章 生命

重荷を積んだ4台のトラックが橋の上を進んでいた。その背後や周囲には抗議者が群がっていた。橋の向こうでは数百人の警察と治安部隊が警棒やグレネードランチャーを手にしていた。彼らはトラックの通行を阻止しようとした。抗議者たちはシュプレヒコールをあげたり野次を飛ばしたりして、警察と治安部隊のバリケードを押しのけて進もうとした。投石があり、催涙弾とゴム製の警棒がそれに応じた。にらみ合いが乱闘になった。突然、トラックの1台が燃えだし、さらにもう1台にも火がついた。抗議者は政府軍が故意に放火したと主張するかもしれないが、のちにカメラの映像から抗議者のひとりが誤って投げた火炎瓶によるものであることが判明した。この事件は、2019年2月23日、コロンビアとベネズエラをつなぐフランシスコ・デ・パウラ・サンタンデルで起こった。ところで治安部隊が通行を阻止しようとしたトラックには何が積まれていたのだろうか？　反政府プロパガンダ？　銃？　いや、食料と医薬品だった。欠乏とハイパーインフレーションに苦しんでいる国のための。

援助が利他主義の最も純粋な産物であることはまれだ。近頃、ベネズエラの大統領に再選されたニコラス・マドゥロは、失政と腐敗、そして石油輸出への安易な経済依存の時代に元首を務めてきた。２００１年まで、南米で最も裕福な国だったベネズエラは混乱に陥っていた。インフレ率は1年で信じられないほど高騰し、２０１８年初めの９パーセントから１０００万パーセントに上昇した。貧しい農家から若くて優秀な技術官僚まで、10人にひとりが国を逃げ出した。犯罪組織は、しばしば腐敗した役人と連携して暴力沙汰を起こしていた。ベネズエラの殺人率は、コロンビアで麻薬テロリストに対する宣戦布告なき内戦が最も深刻だった時期と比べても、およそ2倍になる。

マドゥロと彼の後援者で前任者でもあったウゴ・チャベスの挑発的な発言と冒険主義的な左派政策に長いこと苛立っていたアメリカは、野党のリーダーであるフアン・グアイドを支援し、政権に揺さぶりをかけた。社会民主主義の大衆意思党の候補者として大統領選挙に立候補したグアイドは、当然ながら、不正選挙を非難した。２０１９年1月、本章の冒頭で述べた抗議の１カ月前、グアイドは国民議会議長という立場で暫定大統領に就任すると宣言した。憲法上問題なかったにせよ、実際には名ばかりの地位だった。治安部隊の大多数から支持を得ており、アメリカ、カナダ、多くのラテン・アメリカ諸国とヨーロッパ諸国からもすぐに承認が得られたと主張したにもかかわらず、グアイドはマドゥロを打倒することができず、国外逃亡も禁じられた。

その後、不成功に終わった茶番じみた軍事侵攻が２０２０年5月に発生した。アメリカ人の傭兵2人とベネズエラの反体制派60人が、空港を占拠し、マドゥロを拘束して政権を転覆させるという無謀な企てを実行したのである。当然ながら、彼らはすぐに政府軍に逮捕された。元国家安全保障問題担当大統領補佐官のジョン・ボルトンは、ドナルド・トランプがベネズエラ侵略を「クール」と言ったと伝えたが、アメリカ政府は、12万人以上の兵士と民兵組織を擁し、公的な正当性を動員する有望なツールとして「ヤンキー」に対する国防力を使える政権と直接衝突することのリスクを十分認識していた。

その代わりに、彼らは政権の転覆を試みた。ベネズエラの人道的状況は紛れもなく悲惨だった。グアイドは、純粋な同情だけでなく政治的打算もあっただろうが、一般のベネズエラ市民の差し迫った要求に対応する必要性をことさら強調した。彼は支援を呼びかけた。さらにこれに応えた多くの国々——主導権を握っていたのが、援助団体の職員でなく、タカ派のボルトンであるアメリカも含めて——は政治術だけで動いたわけではなかったが、支援がグアイドの立場を強め、政権の失敗を強調することに役立つとも考えていた。マドゥロは短気を起こして失言した。

「彼らは我々を物乞いのように扱いたいのだろうが……我が国に人道的な危機は存在しない」。信じられないことだが、研究者が国民の8割が食糧不安に苦しんでいることをわかっているのに、彼は次のように言った。「ベネズエラは飢餓の国ではない。国民は高水準の栄養と食物を摂取している」。結果、フランシスコ・デ・パウラ・サンタンデル橋と同様の悲惨で滑稽な光景は、他の国境検問所でも見られた。さらに、プエルトリコから海路で援助を提供しようとしたときも、ベネズエラ海軍に発砲される恐れがあったため、船は引き返さざるを得なかった。

援助を必要としていたベネズエラ市民にとって、これは悲劇だったが、皮肉なことにマドゥロの敵にとってはどっちにしてもメリットがあった。援助が行われていたら、マドゥロに恥をかかせただろう。反対に、民兵組織が車両隊を強制的に遠ざけるというグロテスクな光景は、国内外に現政権が非合法であることを知らしめる有力な証拠となった。中国もロシアもマドゥロを律儀に支持したが、ロシア政府でさえこの状況には当惑を隠せなかった。

人々に対する戦争

戦争は地獄だ。その方法は往々にして凄惨である。兵糧攻めは、歴史を通じて一般的に見られる戦術だった。病気を故意に広めるというより残酷な方法もあり、13世紀にモンゴル人が包囲された町に疫病の犠牲者の死体を投げ入れたり、18世紀にピット砦のアメリカ先住民に天然痘が付着した毛布を渡したりと、世界中に多くの事例がある。都市が密集し、定期的な貿易が行われていたルネサンスは、そのような戦術は自殺行為であったため（病原菌に国境は関係ないからだ）、略奪目的で都市を襲撃したり、より間接的には、敵の農業基地をターゲットにしたりすることが行われた。

都市が成長した原因は、穀物生産高の増加が、農業ではなく商工業に従事する人口の増加を促したからだ。彼らは自分の食料を他人に依存している。1375年夏にトスカーナに対して大攻勢を仕掛けたイングランド出身の傭兵隊長ジョン・ホークウッドは、農地を崩壊させると脅すことが、内陸部の農村に食料を依存している都市への有力な武器になることに気づいた。この間接攻撃は都市に身代金を要求する方法になった。ピサが抵抗すると、彼は農民の誘拐ととりわけ家畜の収奪に着手した。ピサが降伏して、3万5000フローリン金貨――メディチ家の初期資本の3倍以上に相当――を支払うと、農民たちは解放された。このような頭ではなく胃を狙う方法は、ルネサンスの戦争の特徴になった。

だが、これは通常、軍事作戦との関係において行われたものだ。今日のような大量破壊兵器が正当に禁止され忌避（きひ）される時代において、飢餓や病気の蔓延といった方法は、それらの救済策の選択的管理に取って代わった。移民が宣戦布告なき政治的紛争で武器になるのと同様に、援助や水や医薬品などの人道的な恩恵は——いつもではないが、最近ますます——敵を屈服させたり評判を落としたりするための武器として利用されている。天候（つまり穀物生産量）の管理さえも現実的になるにつれて、人道主義は政治術の有効なツールになり、ときには秘密の戦争手段になっている。

私の友人へのささやかな援助

マーシャルプラン（欧州復興計画）は、歴史上最も印象的で成功した支援事業だったのは間違いない。1948年から51年にかけて、アメリカは第2次世界大戦で瓦礫と化したヨーロッパの再建に120億ドル以上（2020年で言えば、およそ1300億ドルに相当）を費やした。そのうちの5パーセントは、反共の前線組織の設立や、支持新聞への融資など、さまざまな秘密の政治的影響工作のためにCIAに流れた。しかし、マーシャルプラン全体は、この上なく寛大な行為であると当時に、利己的な工作活動でもあったと言っても差し支えないだろう。結局のところ、これは自由資本主義的な民主主義国家としてヨーロッパ諸国を再建することを目的とした条件つきの援助だった。だからこそ、スターリンはソ連のためにこれを拒否しただけでなく、ワルシャワ条約機構を構成する新たに征服された中央ヨーロッパ諸国に、この寛大さを受け入れることも禁じた。マーシャルプランは、劇的な経済回復だけではなく、西ヨーロッパの政治的安定にも効果があり、共産主義への共感が高まるのを抑えて、アメリカを重要な同盟国であると同時に重要な貿易相手国と見なす体制を強化した。

支援はしばしば暗黙の政治的行為である。人によっては「ほとんど常に」と言うかもしれないが。それは、提供者の価値観と思惑（外国人に対して金を使うことの道徳性や、どんな理念や国が支援に値するのかについて）の反映であり、国内外の政治的利益のためにしばしば活用される。アメリカ合衆国国際開発庁（ＵＳＡＩＤ）の食品委託貨物に誇らしげに赤、白、青のラベルが貼られていたのには理由がある。それは、アメリカが寛大な提供者であることを知らしめるためだった（そしてそれは、日本のヤクザが１９９５年の阪神・淡路大震災と２０１１年の東日本大震災で援助物資を提供したのと同じ理由でもあった。彼らは支援活動を自分たちの手柄にしようとしたのだ）。さらに、援助予算はしばしば国家の自己利益に訴えかけることで保護され拡大される。援助は、望まない移民の流入を防ぐという（貧しい国の経済を支援したり、飢餓を食い止めたりすることによって）、テロリズムを減らすという（破綻寸前の国を支えることによって）、新しい市場を獲得するという（地元の需要を開拓することによって）、あるいは敵対的な政治的影響力と戦うという手段として表現される。

イギリスのボリス・ジョンソン首相が２０２０年、１４０億ポンドの援助予算を持つ国際開発省（DFID）を外務省に組み入れることを発表したが、その目的は「イギリスの影響力の最大化」であることは明白だった。ジョンソンの主張はこうだ。「率直に言って、あまりにも長いあいだ、イギリスの海外援助は空飛ぶ巨大なキャッシュ・ディスペンサーのような扱いだった。我が国の利益、我が国が表現したい価値観、あるいは我が国の外交的・政治的・商業的な優先事項を一切考慮せずに行われてきたのだ」。彼は海外援助の例を挙げた。「我々はザンビアに対して援助を行ったが、それはヨーロッパの安全保障においてきわめて重要な存在であるウクライナに対して行った援助と同程度であった。またタンザニアにも援助を行ったが、その額はロシアからの干渉に非常に脆弱なバルカン半島西部の6カ国への支援と比較すると10倍である」

この非常に率直な発言は、援助を最も必要としている人々に援助を行うことと、支援国にとって最も都合がいい国に支援を行うこととの決定的なギャップを反映している。ウクライナは、ひとりあたりのGDPがザンビアのほぼ2倍だが、ロシアの圧力にさらされている戦略的な国でもある。問題は、イギリスだけでなくほとんどの支援国で、後者が被支援国の決定に重要な役割を果たしてきたということだ。世界の最貧国を評価するさまざまな指標が存在するが、それぞれの下位5カ国を組み合わせれば、おおよそ次の11カ国が最貧国となる――ブルンジ、中央アフリカ共和国、コンゴ民主共和国、エリトリア、リベリア、マラウイ、ニジェール、ソマリア、南スーダン、タジキスタン、ウガンダ。対照的に、イギリス独自の説明によれば、支援の恩恵を受けている上位5カ国は、バングラデシュ、エチオピア、ナイジェリア、パキスタン、シリアである。アメリカに関して言えば、運のいい5カ国は、アフガニスタン、エチオピア、イラク、イスラエル、ヨルダンである。ドイツにとってのトップファイブ――ドイツは2020年に、これらの国々は「改革に抵抗する国」であり、腐敗と人権侵害が横行しており、被援助国としての優先的な地位を失うだろうと表明した――は、中国（総GDPはドイツの約4倍であり、腐敗が蔓延している）、コロンビア、インド、インドネシア、シリアである。こんな具合に、援助の流れと現実の必要性とのずれが解消されないままに続いている。援助はこれまでも常に安全保障、地政学、貿易といった政治術に大きく左右されてきたし、おそらく今後もそうだろう。しかし、中国は独自の発展的な支援計画と一帯一路構想の投資との融合を進めており、ドナルド・トランプ政権下のアメリカは国際的な関与に対してあからさまな経済活動を行うことを肯定し、ポスト・イデオロギーの時代はますます競争が激しくなっているため、こうした方法はこれまで以上に明白な行動となって現れるだろう。

最低必需品

国家は与え、国家は奪う。世界的に見て１７００億ドル相当になる対外援助は、支援に足る友好的な国、利益にかなう国、あるいは恐ろしい国に与えられる餌として支援国に使われる可能性がある。しかし、これらの潜在的な被支援国は、援助の分け前をめぐって相争うだけでなく、自らの忠誠心やアジェンダを競売にかけて、支援国同士を競わせることさえする。1956年、アメリカがエジプトのアスワン・ダムへの資金提供の約束を撤回すると、ソ連は戦略的に重要な同盟国を獲得するチャンスと見て、支援に名乗り出た。現在、パキスタンなどの国々はアメリカと中国のあいだをたくみに行き来しており、アメリカが2018年に13億ドルの援助を停止したとき、中国はその代わりに融資とさらなる投資を提供した。2006年の『政治経済学ジャーナル』に掲載されたイリヤナ・クジエムコとエリック・ワーカーによる「国連安保理の議席はどれくらいの価値があるのか?」という露骨な題名の論考によると、国連本部の回転席を占める国は、彼らの投票に対する暗黙の見返りとして、より多くの援助を期待している。アメリカ一国だけで年間平均1600万ドルの追加費用が発生し、重要な案件の場合はなんと4500万ドルにもなる。

逆に、最も基本的な資源へのアクセスは拒否され管理され制限され、地政学的な利益の質草にされる可能性がある。人間の最も基本的なニーズのひとつである「水」について考えてみよう。とくに気候変動によって既存の水資源が枯渇し、温暖地域の農業が不安定になっているため、水はいっそう貴重になり、戦略的な資源になっている。将来「水戦争」が発生する可能性がある一方で、水へのアクセスを武器にする余地が高まっている。

たとえば、インドのキシャンガンガ・ダムは、２０１８年に開設された水力発電所に電力を供給するだけでなく、宿敵であるパキスタンの領地にジェラム川が流れ込むのを妨げてもいる。これによって、パキスタンはジェラム川の水量のおよそ3分の1を奪われている。パキスタン政府は、これは１９６０年の条約違反であると主張し、インドはダムの高さを大幅に引き下げなければならないという国際的な裁定を得ることができた。しかし、本書の執筆時点で、パキスタンはインドがいまだ違反していると主張している——そして、その間、インドはパキスタンを犠牲にして文字通りかなりの発電を行っている。

同様に、ウクライナは２０１４年のロシアによるクリミア半島の併合を防ぐことができなかったが、クリミアはウクライナ奥地の水に生活を依存している。北クリミア運河からの流れを止めることによって、ウクライナ政府は、クリミア半島の住人に、着実に枯渇しつつある自分たちの井戸や貯水池の水を使うよう強制した。ロシアはパイプラインの施設と井戸の採掘に労力と資金を費やさなければならなかったが、地下水位は依然として急激に低下しつつある。近い将来、クリミアは飲料水と農業用の両方の水不足に対処しなければならないだろう。ロシアは、海水を利用するために高価な淡水化プラントに投資しなければならないかもしれない。これは戦争？　それとも犯罪？　ロシアが占領した半島への支援を拒否しただけなのか？　こうした現代的な戦略的競争の特徴は、明確な定義を適用するのが難しいが、異議を唱えるのは容易であるということだ。少なくとも現時点で、クリミアの誰も飢えていないし、医療制度は問題なく機能している。

つまり、水と食料は切っても切れない関係にある。水と健康も同じだ。２０２０年、トルコが支援するシリア北東部の民兵組織は、ほぼ間違いなくトルコ政府の承認を得て（おそらく扇動されて）、アロウク給水所を操作し、１００万人以上のクルド人が暮らしている地域への給水を減らそうとした。彼らの要求は、クルド人地域がより多くの電力を自分たちに供給することだったが、現地では、これはトルコ支配を受け入れるよう強制するための広範なキャンペーンの一環であると信じられていた。この問題は、新型コロナウイルスの感染予防のために、きれいな水で手洗いをする必要があったために、さらに深刻になった。内戦の真っただ中にいて、その日暮らしをしている人々が、十分な量の抗ウイルス性手指消毒剤を持とうとすることなど考えられない。

悲しいことだが、医療へのアクセスを遮断することは、内戦においてよくある戦術だ。実際、シリアでは、政府側は反政府勢力が支配する地域の病院や診療所を組織的に砲撃や爆撃して彼らに損害を与え、降伏するように仕向けた。たとえば、２０１８年に政府軍が東部のグータで攻撃を実施した際、その地域にある病院の収容能力はわずか４日間の集中爆撃で半分になったという。攻撃は最新鋭の航空機とシリアのロシア側協力者のベテラン・パイロットによって行われた。その結果、ポリオや結核などの病気が再発した。こうした政策を国境の外にまで拡大することはどう見ても不道徳だ。これはまた、政治術の手段として生活必需品を利用する別の例であるとも言える。

食料、水、医療の他に人間が必要なものは何だろう？　熱や光といったエネルギーも欠かせない。たとえばロシアは、まだ天然ガスのバルブを閉める余裕があった頃、すなわち液化天然ガスの豊富な供給によって天然ガスの市場支配が損なわれる以前（液化天然ガスはタンカーで運搬可能であり、パイプラインでしか送れない通常のガスよりも柔軟性が高い）、ウクライナに圧力をかける手段として天然ガス供給の選択的停止を利用してきた。１９９４〜２００５年、比較的友好的だったレオニード・クチマ政権に報いるためにガス価格を故意に低く抑えていたロシアは、ウクライナの一部で生じた新しい独立の気運を潰すため、ガス供給を強制的に抑制した。２００６年、ロシアはウクライナとジョージア（グルジア）の両方への供給を停止し、２００９年にはふたたびウクライナへの供給を停止した。後者のケースでは、ウクライナに供給されるすべてのロシア産ガスが1月に13日間停止された（寒さが厳しい1月だった）。またこれに付随して、ヨーロッパ南東部への供給も停止された。新しい合意が成立し、ウクライナはロシアに楯突くことの危険性を警告された。ロシアのガス会社であるガスプロムは推定15億ドルの収入を失ったが、ロシア政府はこれを単なる戦争コストだと考えていたようだ。

住民を使った戦争、人間を使った戦争

もちろん、ある方向へ加えられた圧力が、別の方向へと向かうこともある。ロシアがウクライナのドンバス地域で暴動を扇動したとき、ウクライナ政府はそこで立ち往生している人々——大半はそれまでの生活を捨てて西に向かうことができないか、そうしようとしない高齢者——を、「ロシア侵攻の犠牲者」と呼んだ。しかし実際には、ウクライナ政府は彼らをロシアの協力者として扱い、戦線を越えて年金を受け取れない人々の年金支給を停止した。ウクライナの国連人権監視団によると、結果的に70万人が年金の支給を止められた。この措置の是非を議論することも可能だ。しかしその過程で、ウクライナ政府は、反政府勢力であるドンバスとルガンスクの「人民共和国」の支援者であり擁護者であり創設者でもあるロシア政府に人道問題をなすりつけたのだ。

いつの時代も、罪なき人々は戦争の武器である。民族浄化——敵対的、あるいは単に異質と見なされるコミュニティの強制退去——は、中国北西部のイスラム系ウイグル人など「危険分子」の大規模な強制収容や再定住から、１９９０年代に旧ユーゴスラヴィアのセルビア人によるイスラム教徒やクロアチア人の迫害や、同じく１９９０年代にルワンダのフツ族によるツチ族の虐殺などあからさまな大虐殺と排斥にいたるまで、紛争の悲惨な帰結である。しかし、移民、あるいは移民の脅威でさえも、今日ではとくに重要な政治戦の武器だ。

イタリアのランペドゥーサ島から500キロメートルも離れていないリビアは、ヨーロッパ諸国への入国を目指すアフリカ系移民の特別な玄関口のひとつになっており、西アフリカ沿岸のセネガルからアフリカ東部のエチオピアやソマリアにまでおよぶ複雑な航路網で利益を上げてきた。独裁者カダフィ大佐は、2000年代初頭にEUと協力して移民の流れを管理しはじめた。その見返りとして、彼の国は現金を獲得し、さらにテロ支援国というのけ者の立場からも復帰した。しかし、2011年にリビアで反体制運動が勃発した。EUが対立陣営を支持することを阻止したいカダフィは、「反体制運動を支持するなら、移民規制の協力をやめる。ヨーロッパは北アフリカからの人の波に襲われるだろう」とEUに警告した。

激しい弾圧によって抗議運動はすぐに内戦に変わり、10月頃には大佐が殺害されたため、彼の警告は意味を失ったが、その教訓は続いた。現在、リビアは依然として内戦の渦中にあるが、イタリアやフランスをはじめとする南ヨーロッパ諸国がリビアに積極的に関与しているのは、新しいリビアの指導者が展開できる潜在的な「移民兵器」を管理する必要があるからだ。

これは単なる潜在的な脅威ではない。シリアとトルコを見てほしい。リビアと同じ2011年に勃発し、同様に収拾の見通しが立っていないシリア内戦は、大規模な移民が発生する原因となり、一部は国内の他の場所へ移住し、その他は国境を越えた。数百万のシリア人が隣国のトルコに逃れた。2019年秋、トルコ軍と地元の協力者はシリア北部で攻撃を開始した。民間人の死者が出た。EU諸国は制裁をちらつかせてこの軍事作戦を批判した。それに応じて、トルコのエルドアン大統領は、彼らが「侵略」と呼ぶのをやめなければ、「ゲートを開けて、360万人の難民をヨーロッパに送り込む」と警告した。EUはトルコへの武器販売のボイコットに乗り出した。だが、それは義務ではなく、自発的なものだった。さらに、「侵略」を「一方的な軍事行動」という婉曲的な表現に変えた。トルコは国際社会の批判にさらされつづけたが、強気な態度を崩さないエルドアンは「大量移民兵器」を配備することで、少なくとも部分的なヨーロッパの譲歩を確保した。

コロナ外交

健康が、ソフトパワーの手段として、さらには強制の手段として活用された最も顕著な例が、2020年の新型コロナウイルスのパンデミックだろう。ロシアは、実質的に自国の政策を変更せずに、西側で失われた土地を奪還するチャンスを見出した。「ロシアより愛をこめて」キャンペーンでは、医療従事者と医療機器（そのなかには価値が疑わしいものもあった）が二流の同盟国であるセルビア、友好的なイタリア、さらにはアメリカに送られた。

白塗りのトラックがNATO加盟国であるイタリアを走り、大型の軍用輸送機An-124がニューヨークのジョン・F・ケネディ国際空港に着陸する映像は、ロシア本国で受けがよかったが、海外での評価は限定的だった。後者の行動は、その特性上、荒らし合戦に発展した。アメリカに輸送されたロシアの積荷の一部は、アメリカの制裁リストに載っている国有の政府系投資ファンドの「ロシア直接投資基金」によって支払われたものであることが判明した。のちにお返しとして、2012年にロシアから追放されたアメリカ合衆国国際開発庁（USAID）の後援で、ロシアに人工呼吸器が送られた。これでチャラだ。

他方イタリアでは、印象的なロシアの行動と、他のEU加盟国からの無関心に思える反応とが比較され、EU懐疑論が高まった。2020年4月の調査では、回答者の32パーセントがロシアを友好国と考えていることがわかった。その一方で、なんと45パーセントがドイツを敵国と考えていた。ロシアは30万枚の防護マスクを寄付したが、フランスとドイツはそれぞれ200万枚も送っていた事実があるにもかかわらずだ。PRとしてこれはある程度成功したが、こうした作戦の効果は短命に終わる傾向がある。それらは、イタリアのEU懐疑論やロシアとの伝統的に緊密な関係を利用するなど、世論の一部に働き掛ける場合に最も効果を発揮し、何よりもソフトパワーを獲得するための長期的な作戦の一部にすぎないのだ。

対照的に、中国は良い警官なのか悪い警官なのか不確かだったが、あっさりと前者は放棄された。彼らもまた、スペインから湾岸諸国、カザフスタンからコロンビアといった得意客や中国が関係強化を望んでいる国々を対象とした戦略的でパフォーマンス重視の医療支援キャンペーンを実施した（このときも中国は台湾の存在を意識した支援をした。パラオは中国から何の支援も得られなかったが、台湾から体温計と試験キットが送られた）。だが、中国政府はすぐにこのアプローチを諦めてしまったようだ。実のところ、中国はトランプが「武漢ウイルス」とか、粗暴にも得意気に「カンフル」と呼んだウイルスの感染源としての立場に神経をとがらせていた。オーストラリアのスコット・モリソン首相が、新型コロナウイルスの発生源についての国際調査をするべきだ、と一見穏便な提案をすると、中国の国営メディアは彼の「パンダバッシング」——中国の政治用語で最も奇妙な罵り言葉のひとつ——をやり玉に挙げた。中国の文化観光部は「中国人とアジア人に対する人種差別攻撃」が「大幅に増加」したと主張し、オーストラリアのさまざまな輸入品に制裁が課された。さらに不吉なことに、7年も前に中国への麻薬密輸で逮捕されていたオーストラリア人に突然死刑が宣告され、中国からのものと思われるサイバー攻撃が、オーストラリア政府や企業のシステムを襲った。

絶望はいらない

民間人の生命は常に戦争の対象であるだけでなく、戦争の目標でもあり、戦争の武器にもなる。私たちは、親切であることそれ自体に価値があり、多くの点でそれが当てはまると思いたいのかもしれない。だが、残酷であるほうが、より容易くより望ましい結果が得られるように思えるケースがある。カダフィやエルドアンの脅し、飢饉と病気がシリアとイエメンで武器として利用されたこと、ベネズエラの国境で燃えたトラック――。これらはみな野蛮な行為が有効であることを示唆しているように思える。

それは、ひとつの瞬間、ひとつの舞台での勝利と言える。だがその過程で、そうした戦術は誰にとってもより危険な環境を生み出す。解決策は、これをひどいことだと非難し、国連で感動的なスピーチを行い、すでにどん底まで評判を落としている独裁者に挑戦することではない。国家が利他主義の原動力となることはめったにないが、ときに目の前にある課題の先を思い描く必要があることを心に留めておくことだ。そして、人道主義と援助の露骨な（不正）使用による短期的な利益追求は、長期的なリスクを上回らない程度のところで自制することだ。移民の洪水や変異するウイルス、さらには怒りや飢えや裏切られたという気持ちに突き動かされた反乱者やテロリストの軍隊――。これらはみな世界的な不平等のコストである。

必要なのは国家による援助をやめさせることではないし、政治とは無関係のグローバル社会保障制度であると偽ることでもない。むしろ、それを賢く使用して、他国に安定をもたらすための効果的な対策と組み合わせなければならない。援助計画や開発計画の中に埋め込まれているであろう「植民地主義的な態度」を気にしすぎてしまうことはよくあることであり、必要な場所に援助を確実に届けようとする勇敢な試みにもかかわらず、実際にはあまりにも多くのものが泥棒政治家によって横流しされ、その金が彼らの銀行口座に振り込まれたり、高級車や不動産の購入に使われたりすることは見逃されがちだ。パブロ・ヤングアスが『なぜ我々は援助で嘘をつくのか［*Why We Lie About Aid*］』という挑発的な著書の中で次のように述べている。「援助がどのような形態を取っているのであれ、それは常に現地の関係者に大きな影響を及ぼし、その一部は合法化され、その他は非合法化される」

「魚を与えることは1日分の食料の食料を与えることだ。魚の釣り方を教えることは一生分の食料を与えることだ」という格言は真理を突いている。とはいえ、ソマリアの例で見たように、魚の釣り方を知っていても、水産資源を根こそぎ奪われてしまっては何の価値もない。また、世界中の貧しいコミュニティで見られるように、魚を釣ったとしても軍事指導者や泥棒政治家などに搾取されてしまうなら、飢餓はなくならない。西側で国の再建事業に真剣に取り組もうとしている国はほとんどない。それは彼らが、イラクやアフガニスタンでアメリカが行ったいつ終わるとも知れない実りのない作戦のことを再建事業と考えているからだ。だが、食料や医薬品の支援は1日分の魚であり、現地の経済や草の根のコミュニティ活動を支援する試みでさえ、せいぜい無慈悲な市場の力と現地の略奪者のあいだで押しつぶされるまでの1週間分の魚にすぎない。援助と開発を武器化する場合、それは支援国の直接的な利益のためだけでなく、被支援国の長期的な生活機会［社会が提供する機会と恩恵を受ける可能性］のために行われる必要がある。さらにそれは、井戸の採掘やワクチンの配布と同じくらい、有能で象徴的で公正な行政機構の設立にしっかり取り組まなければならないということだ。

ゴールドマン・サックスと世界銀行に勤めた経験があるザンビア人のダンビサ・モヨは「もし、アフリカ各国に電話をかけて、彼らに今からきっかり5年後に援助を停止して、再開することはないと伝えたらどんな反応をするだろう」と言った。彼女は、このメッセージはアフリカ諸国を覚醒させ、貿易や外国投資が増加するよう努力させるウェイクアップコールになるだろうと主張した。もちろんこの方法は、一部の国は成功するが、他の国は破綻してしまう恐れがある。そして、成功と失敗のあいだにあるすべての国は中国に買い占められてしまうだろう。そうした刺激的なアイデアは机上の空論である可能性が高いが、現在の援助策があまり役に立たないことを私たちに気づかせてくれる。

援助が既存の社会的・政治的システムを混乱させるのであれ、強化させるのであれ、その利害関係を切り離すことは不可能だ。私たちにとっての最善の行動は、援助が生存のためだけでなく、善のための力になることを確実にすることだ。そうすることで、生命の基本的必需品を武器化しようとする地政学的な誘惑は阻止され、罰せられるようになるのだ。

推薦図書

パブロ・ヤングアスの *Why We Lie About Aid: Development and the Messy Politics of Change* (Zed, 2018) の他に、援助と開発に関する批判的または独創的な見解には、ダンビサ・モヨの *Dead Aid* (Penguin, 2010)(『援助じゃアフリカは発展しない』２０１０年、東洋経済新報社) やジャイルズ・ボルトンの *Aid and Other Dirty Business: How Good Intentions Have Failed the World's Poor* (Ebury, 2008) などがある。ウィリアム・イースタリーの *The White Man's Burden: Why the West's Efforts to Aid the Rest Have Done So Much Ill and So Little Good* (OUP, 2006)(『傲慢な援助』２００９年、東洋経済新報社) は異なるアプローチを取っていると言えるかもしれないが、この分野の古典である。

第8章　法律

2012年、キュラソー［ベネズエラの北西にあるオランダ領の島］の旗を掲げた貨物船〈アラエド〉が、ロシアのカリーニングラード港からシリアに向けて出発した。首都ダマスカスで窮地に陥っているシリア政権に提供するミサイルと改装された武装ヘリコプターを積んでいた。EUはシリアへの武器販売を禁止していた。武器が反体制派の残忍な弾圧に使用されていたからだ。しかし、この船はロシアのフェムコという会社が所有しており、オランダ領アンティルのかなり自治権を持っている島で登録されていた。船はヨーロッパのどの港にも停泊する予定はなく、コースを頻繁に変更し、かなり遠回りなルートで航行していた。追跡を困難にし、EU領海を回避するのが目的のようだった。

これは国際的な大騒動に発展する可能性があったが、外交官同士が言い争っているあいだも船は航海を続けていただろう。映画であれば、ひとりのスーパースパイか勇敢な特殊部隊の出番で、船を沈めるか、拿捕したうえで友好国の港まで航行しただろう。イギリス政府はどんな武器を向けたのだろうか？　彼らが特殊舟艇（しゅうてい）部隊より恐ろしく威嚇的であると考えたものは何だったのか？　答えは保険業界だ。

世界の海事保険業界のハブであるロイズ・オブ・ロンドンでは、保険契約の売買、再保険、引き受けが行われている。フェムコの全8隻の艦隊は、ロンドンを追い出された相互保険協会であるスタンダード・クラブで保険契約を結んでいた。イギリス政府は静かに要件を伝えた。艦隊がスコットランドの北海岸から約80キロ離れたところにいたとき、突然、フェムコに対する保険は取り消された。

保険会社は、これはフェムコが「内部規則に違反した」ためであり、政府の行動とは何の関係もないと言った。しかしのちに、一部の情報筋が、彼らが制裁違反だけでなく、ことによると戦争犯罪までも支援し教唆したことの法的結果を問われる可能性があると脅されていたことをほのめかした。差し当たり、それは〈アラエド〉が「不適切または違法な取引」に関与していないことを保険会社が再確認するまで、〈アラエド〉――とフェムコの他の船――は保険対象外であることを意味していた。理屈のうえでは、船は航行を続けることができた。だが、何らかの問題が発生した場合、高価な資産を失うというリスクに加えて、船体と乗組員が無保険であることによるさまざまな法的問題が生じることになる。船は向きを変えてロシアに戻った。〈アラエド〉は将来、ふたたび物騒な貨物を積んで出撃するだろうが、とりあえず、法律の使用によって危機は回避された。

ローフェア（法律を武器とした戦争）

現代世界は国や政治の境界を超えた法律によって形作られ、制限されている。ハーグの国際刑事裁判所は、戦争やその他の紛争にいくつかの限界を設けようとしている。国連海洋法条約は世界の水域を支配し区分化している。国際仲裁は国境を超えた貿易や投資に不可欠だ。法律が及ぶ範囲は地球の境界を越えて広がっている。１９６７年の宇宙条約は軌道上で許容可能な活動を定義している。

人間の活動のあらゆる側面、とくに多国間にまたがる活動と同様に、国際法の台頭――実際には、１６４８年のウェストファリア条約から始まったものだが、本格的に発展したのは第２次世界大戦後――はまた、戦略的競争のための新しい機会を開いてきた。セキュリティ分野において近年注目されている、国益のために国内法および国際法を使用および乱用する「ローフェア」という概念は難解だが、強力な新しい戦場になりつつある。これは国連の場で完全な形として確認できる。たとえば、中国は南シナ海に人工島を建設し、領海の拡大を主張している。ロシアは議論を呼んでいる地球物理調査に基づいて、北極圏の大部分の領有権を主張している。イスラエルとパレスティナはお互いに相手を非合法化しようとしている。だが、ローフェアは戦術的なツールでもある。

法律はさまざまな意味で手段として用いることが可能だ。その焦点は有害なものに向けられていることが多い。都合が悪いニュースや、さらに都合が悪い亡命反乱分子の抑圧のために使用される国の名誉毀損法はその一例だ。他方、難民は庇護法のせいで生きた実弾に変えられるか、現代戦の規範を遵守するために拘束された軍隊の攻撃を防ぐ人間の盾として使われる。後述するように、パスポート発行の決定でさえ、土地の収奪と同じである可能性があるのだ。

ローフェアはまた、自らを本質的に平和的な国家連合と見なしているEUに、いくらかの影響力を示す機会を提供する。この「法規制の超大国」を自認する世界最大の単一市場は、EUにプラスとなる規則を他国に遵守させるためにローフェアを利用する。ブレグジット交渉が示したように、貿易規制などの無味乾燥なテーマで物を言うのは相変わらず権力であり、権力を持つ側が交渉の主導権を握るのだ。法律は公益のために存在するかもしれないが、法律の実践には衝突がつきものだ。したがって国家がこの領域に目を向けるのも不思議ではない。

誰が暗殺者を必要とするのか？

そのロシア人――オリガルヒではないが、「ミニガルヒ」と呼べるくらい大金持ちだ――は、法廷で楽しい1日を過ごしたとは言えなかった。彼は莫大な資産をめぐるビジネス紛争の渦中にあった。原因はロシアでの契約違反の申し立てだったが、仲裁の場所はロンドンだった。裕福なロシア人はどんなに祖国への愛やプーチン大統領への敬意を表明しようとも、ロシアの法廷に自分の財産や将来を委ねることには消極的だ。表向き、その訴訟は金に関することだったが、ミニガルヒは政治絡みの問題であることを確信していた。彼は自分の資産をヨーロッパに移すにつれて、改革志向を持つ西洋化したコスモポリタンに生まれ変わろうとした。その過程で、ロシア政府に対するやや批判的な発言をし（これは賢明とは言えなかった）、野党と関係している証拠として提示される恐れがある運動に出資していた。彼は、この訴訟が自分を罰したいロシア政府によって引き起こされたものであり、ロシア政府は自分に損害を与える文書をライバル企業に提供していると思った（付け加えると、私は彼の弁護団をサポートするというささやかな役割を果たしていた）。もちろん、彼は文書が偽造されたものであると懸命に主張したが、法廷を納得させることができずにいた。

彼はため息交じりにこう言った。「弁護士を雇うことができるなら、誰が暗殺者を必要とするだろう？」

特殊な事例の本案に限らず、専制的な体制が、批判を抑えたり政敵を迫害する目的で国内法や国際法を活用する傾向を強めていることは明らかだ。十分な資金があり、偽造の可能性も否定できないが、国が提供する本物にしか見えない書類にしばしば裏付けられた法的措置は、殺人や誘拐といった昔からある方法に取って代わるか、少なくともそれらを補完することが可能だ。

イギリスとアメリカは、自分に有利な判決を下すと思われる外国の裁判所を物色する「ライベル・ツーリズム」でとくに魅力的な国である。たとえば２００４年、アメリカの学者兼作家のレイチェル・エーレンフェルドが、サウジアラビアの億万長者カリード・ビン・マフフーズに名誉毀損で訴えられた。これは、エーレンフェルドがアメリカで出版した著書の中で、マフフーズがテロリストに資金提供を行っていると非難したことを受けてのものだった。彼女の本はまだイギリスで出版されておらず、23部しかイギリスに輸入されていなかったが、それでもマフフーズは訴訟場所にロンドンを選んだ。これは、当時のイングランドの名誉毀損法が、原告に有利であったことと関係があった［表現の自由よりも個人の名誉が重視されていた］。この一件以来、英米で名誉毀損法の調整が行われてきた。本格的な法的防御を準備するだけでも莫大な費用がかかるため、出版社や編集者は用心に用心を重ねているが、ジャーナリスト、評論家、さらには学術誌に対する訴訟は後を絶たない。

　これは明らかに、言論の自由や調査報道を萎縮させる効果があるが、少なくともその本質は被害者の自由よりもその資金をターゲットにすることである。かなり費用がかかるが注目すべき現代的なアプローチは、政府が警察活動の国際的な情報交換機関であるインターポールに対して、自らの敵対者に関する「赤手配書（レッドノーティス）」の発行を申請することだ。赤手配書はしばしば逮捕令状と見なされるが、実際は194の加盟国の警察に対して、身柄引き渡しの可能性がある人物の逮捕を依頼するものである。インターポールは、発行申請が政治的な動機によるものであると見なしたら、その要求を拒否できる（請求書の支払いを支援してくれる国を遠ざけてしまうリスクがあるが）。また加盟国が、6万枚以上出回っている赤手配書の任意の1枚に注意を払うかどうかは、完全な自由裁量だ。それでも、このような方法で選ばれることは、旅行の容易さから資金調達のチャンスにいたるまで、あらゆることにさまざまな影響を与える可能性があるため、政府の批判者や敵対者に対して優れた武器になる。2016年にトルコのエルドアン大統領に対するクーデターが失敗したあと、彼は赤手配書を使って世界中の政敵に対して広範囲のキャンペーンを展開した。ロシアで腐敗した詐欺に巻き込まれた実業家であるビル・ブラウダーがロシア政府を公然と批判しはじめると、赤手配書によって国際指名手配になった。中国、エジプト、アゼルバイジャン、ベネズエラ、バーレーン、イランといった世界の権威主義政権は、赤手配書だけでなく、強制送還の裁判やその他の国際法の執行手段を、敵に対する武器として使ってきた。

これは戦争行為なのだろうか？　おそらく国内の迫害の国際化であると言えるだろう。しかし、私たちはまたしても、戦争を構成するものは何かという問題に直面する。これは、抑圧的な政権と忌むべき個人が、他国に手を伸ばし、彼らの主権を無視して――いやむしろ、彼らの主権を利用して――自分たちの意志を行使することを可能にしている。一部の人々が示唆しているように、ある国が別の国にいるターゲットに対して行った暗殺を戦争行為と見なさなければならないのなら、悪意のある訴訟によって金銭的なダメージを与えることや、不服を申し立てることはできず、入国管理で脇に連れ出されたときにのみ、その存在を理解するような赤手配書の見えない脅威はどうなのだろうか？　いずれにせよ、こうした小規模な作戦は小競り合いのたぐいだ。ローフェアを創造的に使って、海や領土を丸ごと手に入れようとする冒険的な企ても存在するのだ。

法的帝国主義

南シナ海は世界で最も戦略的に重要な海域のひとつだ。中国、台湾、フィリピン、マレーシア、ヴェトナムのあいだに広く位置しており、太平洋とインド洋の海の交差点である。また、地中海のおよそ半分の大きさで、世界の年間の商船隊のトン数の半分、全商業船舶の3分の1が通過しており、年間推定3・5兆ドルの価値がある。その下には油田とガス田が広がっている。その海域で捕獲された魚は東南アジアの何百万もの人々の食料になる。岩礁、難破船、島々、群島が散らばる南シナ海に対して、7つの沿岸国がさまざまに競合する主張を行っている。1974年と1988年にヴェトナムと小競り合いを起こした中国は、この海域の支配権を主張することに最も積極的だ。中国は、南シナ海に対する主張を通すため、アメリカ海軍の部隊が定期的に仕掛ける「航行の自由作戦」に対して邪悪な脅迫を繰り返し行っているが、最近では権利を主張するためにローフェアに目を向けている。

2013年以来、中国の主張は、「南シナ海に島々を作って要塞化する」（冗談で言っているのではない）という形で具体化した。2017年頃になると、中国は既存の島々を拡張するとともに、岩礁と岩石露頭を新しい島々にした。総面積は3200エーカー（約12平方キロ）だ。それらの多くは軍事施設になった。たとえば、黙示録を彷彿させる「火の十字架（ファイアリー・クロス）」という名前の環礁には、今では超音速対艦ミサイルを搭載できる轟炸6型爆撃機を収容できる飛行場がある。しかし、その主な意義は、中国の主張が海の向こうの係争地域にまで徐々に拡大していくことの一部であり、軍事的というよりも政治的である。

たとえば2020年、中国はヴェトナムの東にある係争中の西沙諸島までの広大な海域を「沖合」ではなく「沿岸」と呼ぶようになり、国の管轄区域を国際水域へと延ばそうとした。この策略は何度となく国際法廷と仲裁によって違反と判定されてきた。しかし、中国は海というむき出しの領域を強奪することに対して、法律の形式と言語を使いつづけている。なぜそんなことをするのか？　ローフェアの大きな強みのひとつは、まさにそれが許容する心理戦の中にあり、問題を混乱させ、攻撃性を覆い隠し、とりわけ法治国家を自縄自縛にさせる。

実際問題として、これは紛れもない帝国主義だ。しかし、抜け目のない中国は、裁判官の法服、漁師の防水服、沿岸警備隊の青服でその正体を隠している。胡散臭いが、合法の体裁はしっかり整えている。一方で、中国は正規軍をその新しい島々に駐屯させようとしているが、この計画的な征服の突撃部隊は一見したところ害がなさそうに見える。漁船団は情報収集にも利用されるが、いちばんの目的は暗黙の主張である。中国のトロール船が向かう場所には、沿岸警備隊や海上民兵などの準軍事的組織も同行する。彼らは中国が領有を主張する水域を保護する際、他国の部隊と激しく衝突した。たとえば２０１８～19年、中国はフィリピン支配下のティトゥ島を奪うために２００隻の海上民兵の船を派遣した。彼らはフィリピン側を「侵略者」に仕立て上げるため、フィリピン船を故意に妨害して、先に手を出させようとした。

南シナ海の支配権を強く主張するキャンペーンにおいて、ローフェアを熱心に採用してきたのが中国なのは、驚くことではないだろう。このことに関連して、ローフェアという表現を初めて使用したのが、第1章で言及した2人の中国軍将校によって書かれた画期的な戦略書である『超限戦』だったようだ。現代の国際法の起源は、西側の都市と彼らが戦った戦争にあった。西側以外の多くの国々にとって、それは西側の利益の保護に大きく傾いているように映った。中国にとって、そのような法律を西側とその同盟国を混乱させる武器に変えることは、まったく妥当なことに思えたに違いない。

境界を無視する

確かなことは、ローフェアが他の挑戦者に採用されてきたということだ。ロシアもまた、自国の縄張りの周囲に法律問題の網を張りめぐらす能力もあるし意欲もある。たとえばロシアは、地理学者から潜水艦乗組員にいたるまであらゆる人を極北に動員した。ロシアは北極圏における120万平方キロにわたる広大な土地――偶然にも石油とガスの埋蔵量が豊富な地域だ――の所有権を主張している。その根拠は、彼らによれば、この地域がシベリアの大陸棚の延長であるということだ。地理的に疑問があり、判例は胡散臭い。しかし、これにより、ロシアは国連海洋法条約のもとで正式な付託を行うことができた。

大量の論文、注釈付きの地図、地質学的研究に、ロシアは派手さも加えた。2007年、特殊な深海潜水艦が北極海底への探査ミッションを開始した。水と土壌のサンプルを採取するだけでなく、特別に作られたチタン合金のロシア国旗を置いていった。「今から100年後あるいは1000年後の人間が、我々がいた場所に行ったら、ロシア国旗を見つけるだろう」と探検家のアルトゥール・チリンガロフは言った。北極圏に対して独自の主張を持っている他の国々は、これは単なるPR活動であり、この地域に対してロシアが特別な権利を持っているわけではないと慌てて言った。案の定、ロシア政府はのちに、収集したサンプルから係争中のロモノソフ海嶺がロシアの大陸棚の一部であることを「確認」できたと発表した。

ロシアは、北極圏の融解が急速に進んでいる海域とその下の富への排他的アクセスが認められると本気で考えているのだろうか？　おそらく考えていないだろう。それでも、ロシアは他国の主張を阻止してきた。大胆な強盗行為を国際法への冷静な訴えに見せ掛けることでそれを行ったのだ。なお、西側がロシアの潜水艦戦術を軽視すると、旧植民地国の評論家から偽善だと不満の声があがった。西側の連中も昔、我々の土地に堂々と旗を立てて自分のものにしたじゃないか、と彼らは批判した。ロシアはおおむね満足していた。政治的な勝利とは、敵に墓穴を掘らせることでもあるのだ。

しかし、その他の場合、目標はより迅速に到達可能だ。1991年の終わりにソ連が崩壊すると、約2500万人のロシア系と、ロシア系ではないにせよロシア語を主要言語としている数千万人がロシア連邦の国境外に取り残された。ロシアが「ロシア語圏（ルースキー・ミール）」の指導者兼保護者の立場を主張しだすと、彼らディアスポラ（離散者）はすぐに近隣諸国との摩擦の種となり、スパイ要員にもなった。

　ロシアはこれに一種の法的根拠を与えるため、ジョージアのアブハジア人や南オセチア人、モルドバのトランスニストリア人、ウクライナ南東部のドンバスの住民など、主に分離独立をめぐって中央政府と敵対しているマイノリティにパスポートを発行しはじめた。中央政府が反政府勢力を弾圧しようとすると、ロシアは同胞を保護するために軍事介入を主張する。これは、短期間の激しい戦いになった２００８年のジョージアの5日間戦争（南オセチア紛争）や、２０１４年から続くウクライナへの干渉で使われている口実だ。もちろん、すべての国は自国民を守る権利がある。しかし、干渉の足がかりを作るために、戦略的な可能性を秘めた場所で暮らすロシア語を使う人々に積極的に市民権を与えるロシアは、皮肉なことに、この原則、つまりローフェアの本質を創造的に使いこなしている。

法律の戦争（ローフェア）は法律の公正さ（ローフェア）になり得る

言うまでもないが、私たちは独善的であってはならない。自国の目的にローフェアを使おうとする国は、修正主義的、報復主義的、あるいは完全に抑圧的である傾向が強いが、法律の本質とは論争であるから、結局のところ、すべての国が自国の目的にローフェアを使うことになる。イスラエルとパレスティナは、国際刑事裁判所で互いを侵略者と呼んでいる。イランに対するアメリカの制裁は、裁判所や規制を使用する方法から「金融ローフェア」と呼ばれている。なお、かつて『ニューヨーク・タイムズ』は、「オバマ大統領が気に入っている好戦的な司令官」は大将の誰かではなく制裁担当の財務次官だ、と書いたことがあった。

武力でロシアをクリミアから追い出せないウクライナは、欧州人権裁判所、常設仲裁裁判所、国際司法裁判所、さらには国際海洋法裁判所にいたるまで、さまざまな国際裁判所に告訴してきた。ウクライナはロシアが「ボアロード」によって追い出されることを期待しているわけではないが、少なくとも、クリミア併合と新しい領土の防御を固めるためにロシアが行ったその後の行動の違法性について複数の主張をすることで、ロシアに政治的なコストを負わせることを期待している。

つまり、ローフェアでは印象と評判が重要になる。この言葉の主要な普及者に、当時アメリカ空軍の大佐であり、のちに将軍になるチャールズ・ダンラップがいた。彼は、軍事的に弱い国が残虐行為と虐待についての偽りの主張で「アメリカを無力化」し、戦場が法廷（および世論という法廷）に移行することを懸念した。もっとも、ひねくれ者や人でなしが国際法の強化を悪用することにだけ注意を向けていればいいわけではない。法律がどんなに不完全でも、国家が動員できる弁護士がどんなに賢く器用でも、解決策は法律が答えではないと考えることではない。法律は自然的正義や正しい行動の代用としては不十分かもしれないが、率直に言って、私たちが持っている最高のものである。

本章の冒頭の〈アラエド〉の事例が示すように、適切に使用されれば、法律の戦争（ローフェア）は法律の公正さ（ローフェア）にもなり、現代世界を形作るための基準を守るために正しく用いられるかもしれないし、昔ながらの武器による強制力の代替手段として用いられるかもしれない。力は正義なりと言うが、多くの場合、力は間違った形で使われる。法廷や弁護士を見くびってしまいがちだが、ギャング、泥棒政治家、暴君、テロリストの横行を抑制する「ボアロード」の役割を軽視すべきではない。

法律によって課され、法律によって支持された制裁は、そのような個人を標的にでき、少なくとも不正行為に見て見ぬ振りをしない国家へ、彼らが入国するのを禁じることができる。イギリスの「不明財産に関する命令」（ある資産について、所有者が犯罪や横領で獲得されたものでないことを証明できない場合、その資産は凍結されるという制度）のような手段は、泥棒政治家が私腹を肥やすのを阻止できる。国際刑事裁判所であるハーグの戦争犯罪裁判所は、完全に中立であるとも、予期せぬ残念な結果がないとも言い切れないが——起訴された指導者は権力の座に留まりつづけるだろう、権力を手放したら実刑判決が待っているからだ——それでも、国際刑事裁判所の存在は、大量虐殺やテロリズムなどが現代の世界では容認されず、罰せられる行為であることを示している。

善良であることは難しい。たとえば警察官は、自分が「知っている」誰かを犯罪者として有罪にしてしまえる証拠を捏造したいと思うことがあるかもしれない。それと同様に、世界で前向きな力を行使したいと望んでいる国家でさえも、現実や国益を前にして、そのような理想主義を棚上げにしたくなることがあるかもしれない。しかし、それはまさに最近の法治国家が、敵国からローフェアの攻撃を受けて、彼らの法律を使用されたときや、彼らから理想と利益の選択を迫られたときに、守勢に立たされていると感じる理由である。ダンラップが「無力化」の可能性を指摘したアメリカもまた、テロや武器による支配に依存している反体制勢力にローフェアを使用する方法を模索していた。

2006年末に発行されたアメリカ陸軍の『フィールドマニュアル3・24　反乱鎮圧作戦』における中心的な信条は、法の支配は「民間の安定化努力がない戦闘活動は、反乱勢力への〝反撃〟あるいは打倒に不十分である」ため、「主要な目標であり最終状態」であるということだ。COINとして知られるようになったこの方針は、イラクとアフガニスタンで適用されるはずだったが、率直に言えば、これは失敗した。間違っていたからではなく、十分なチャンスが与えられなかったからだ。

アフガニスタンでは２０１０年に、アメリカ陸軍准将マーク・マーティンズのもとで「法の支配フィールドフォース・アフガニスタン」（ＲＯＬＦＦ-Ａ）が設立され、従来の部隊に続いてタリバンの支配地域に侵入するチームを配備しようとした。目的は明らかに、権威主義的で恣意的な神権政治を、権利に基づく合法性――腐敗防止イニシアティブ、紛争解決、透明性のある裁判、警察活動など――に置き換えることだった。この問題に関する主要な学者であるハーヴァード・ロー・スクールのジャック・ゴールドスミスは次のように述べている。「それは〝戦争の武器として法を使用する〟ことであるとしか考えられない……」

６カ月後、より広範な「アフガニスタンのためのＮＡＴＯ法の支配フィールドサポート・ミッション」が発足した。しかし、さらに６カ月後、「法の支配フィールドサポート担当官」のほぼ全員が、その活動場所から連れ出され、カブールに集中することになった。この試みは失敗ではなかったものの、政治的な理由――これらの担当官を邪魔に感じていた一部の兵士の抵抗など――により、実質的に放棄された。しかし、この取り組みは可能性を示した。マーティンズ准将は、これを「アフガニスタンにおける積極的なローフェア」と表現し、「それを拒絶する政府内外の人間を打倒するために、法律へ意識的かつ協調的に依存すること」であると説明した。ＲＯＬＦＦ-Ａと「積極的なローフェア」の教訓は忘れられていない。アメリカが将来厄介な反乱鎮圧戦争に巻き込まれないことを望む一方で、ペンタゴンの制服組のあいだでさえ、アメリカ軍がすでに大きな力を持っていることを考慮して、次は正当性に集中する必要があると感じている人々がいるのだ。

推薦図書

「lawfare」を検索すると、見つかるものはたいていアメリカ政治や法廷で争われた言論の自由に関する議論だ。物事のより地政学的側面について、オード・キットリーの *Lawfare: Law as a Weapon of War*（OUP, 2016）は、率直に言って、あまり面白くはないが、非常に包括的な内容だ。概して、このテーマに関する最良の情報源のひとつは、ブログの Lawfare (https://www.lawfareblog.com/) だが、最近では非常に多くの話題を取り扱っている。きわめて特殊なケースについては、ハンフリー・ホークスリーの *Asian Waters: The Struggle Over the South China Sea and the Strategy of Chinese Expansion*（Abrams, 2019）、マルーフ・ハセインの *Military Operations in Gaza: Telegenic Lawfare and Warfare*（Routledge, 2019）、ホイット・メイソンが編集した *The Rule of Law in Afghanistan: Missing in Inaction*（CUP, 2011）を参照してほしい。

第9章　情報

ヒラリー・クリントンは、ウラジーミル・プーチンの太ももに置いた手を滑らせた。ゆっくりと官能的に。2人はティーンエージャーのように、あるいはポルノスターのように夢中でキスした――。とりあえず「そんなシーンだった」と付け加えておかねばならない。朝から見るにはきつい映像だった（できれば、もっと軽い朝食がほしかった）。しかし、ヨーロッパの諜報機関で「ディープフェイク」の危険性に取り組んでいる人当たりのいいマニアたちの報告会で最初に流れたこの動画は、参加者の注意を引くには格好のネタだった。高度なＡＩと人間の芸術性を組み合わせれば、何でも望み通りの動画が作れる。このケースで言えば、クリントンとプーチンの頭部を、熱演中のポルノ俳優に重ね合わせただけではない。イメージは非常にシームレスに融合しており、頭ではフェイクとわかっていても、矛盾点や不自然な点を見つけられなかった。「百聞は一見にしかず」とはもはや言えないのだ。

こうしたハイテクと悪趣味の組み合わせは、メディアの作成・消費・使用の劇的な変化を原動力とする新しい情報戦の課題のなかでもとくに生々しい例である。要するに、私たちは今、情報、偽情報、誤情報、インフォテインメント［情報と娯楽を融合したもの］に翻弄されている。これは主に、ニュースソースとしてインターネットが台頭したことと関係がある。2019年時点で、全世界の人口の57パーセントがインターネットを使用しており、42パーセントがSNSを定期的に使用している。これによって、国家だけでなく個人がフェイクニュースを発信することが途方もなく簡単になった。たくみに捏造された動画はもちろん、単なる印象操作も可能だ。

だが、それはまた、間違いなく産業時代の産物である既存の行政構造と、私たちが誰を信ずるべきかという前提が、ポスト産業化のオンライン時代に問題になるにつれて、深刻な正当性の危機にあるようである。市民や消費者である私たちは、自分の思い込みを満足させ、自分の先入観を強化するニュースや意見の泡の中に引きこもることがますます容易になっている。さらに言えば、ニュース速報、インスタント・ホットテイク［根拠がなく話題性重視の意見］、非媒介的なニュースフィードの時代にあって、私たちは、新奇なことやショッキングなことに引かれ、その結果として、未チェックの情報、誇張された話題、露骨なフェイクをしばしば信じ込んでしまう。たとえば、マサチューセッツ工科大学のシナン・アラルが主導した調査によると、「1500人に真実を伝える時間は、虚偽情報を伝える時間の6倍」であり、偽情報は真実よりも70パーセント多く共有される可能性があるとわかった。

いんちきなＥＤ治療の販売業者から敵性国家にいたるまで、悪辣な行為者が情報世界における機会を（不正）使用するあらゆる方法を熱心に探していることは、驚くことではない。さらに、公平を期して言えば、「フェイクニュース」と（偽）情報が時代のモラルパニック［社会の道徳秩序を脅かす問題に対し、大衆が懸念したり恐怖に襲われること］になっており、ドナルド・トランプの選挙、「ウォークネス」［社会の不正義や差別、とくにレイシズムに対して強い意識を向けていること］、ジハード主義者の先鋭化、ブレグジットなど私たちが嫌うあらゆる出来事に対するスケープゴートになっている。

これは巨大なテーマだ。故意に嘘を拡散する明白な偽情報もあれば、無意識に嘘を伝える誤情報もある。多くの場合、この問題の本質は、紛らわしい方法でフレーム化もしくはコンテキスト化されたか、公開することをまったく意図していない正確な情報の一部になっているということだ。2016年のアメリカ大統領選挙のまえ、ロシアの国家ハッカーが民主党全国委員会とクリントンの選挙対策委員長のメールサーバーにアクセスし、メールを漏洩させた。民主党指導部はひどく狼狽（ろうばい）した。とくに、彼らが左派のバーニー・サンダースよりもクリントンを贔屓していることが明らかになった。これはアメリカの政治を混乱させ、クリントンにダメージを与えるキャンペーンにつながったが、嘘ではなく、単なる不都合な真実だった。

「ハック・アンド・リーク」は大きな問題になっている。それは、私たちはみな、一般にプライベートだと思われる場面での発言に対して注意を払っていないことが多いからだ。たとえば2017年、裕福な小首長国のカタールがアラブ首長国連邦と外交問題で言い争いになったとき、アラブ首長国連邦のワシントン駐在大使であるユセフ・アル・オタイバのメールが、アメリカの報道機関にリークされた。ほどなくして彼は、金遣いが荒いプレイボーイ、偽善者、さらには買収されているとまで書かれるようになった。アラブ首長国連邦とその同盟国は、カタールをテロ支援国家として仕立て上げようとしたまさにそのときに外交的なメンツを失った。ひとつとして嘘はなく、慎重に計画され、リークされるメールは選択されていたと推定される。

これらすべてを網羅するにはまる1冊の本が必要だろう——いや、実際多くの本が書かれてきた。本章ではその代わりに、情報戦がこうした世界的関心になった理由のいくつかとその対策の概略を述べようと思う。

より速く、よりデタラメに

私たちのほぼ全員――おそらく、北朝鮮の国民とアマゾン川流域の失われた小部族を除いて――は現在、単一の情報スペースで生きている。私たちはテレビでカタールのニュースを見ることも（ちなみに、アルジャジーラのニュースだ）、ユーチューブでロシアの動画をストリーム再生することもできるし、通勤時に外国のツイートのまとめをチェックすることもできる。おそらくより重要なことは、古い門番であり、私たちの大多数が読むもの、聞くもの、見るものを決めていた新聞の編集者や、ラジオやテレビの番組ディレクターたちが力を失ったことだ。今では、ネット上でさまざまな情報を収集できるだけでなく、フェイスブックやツイッターのアカウントを持っていれば、誰でも「個人メディア」になれるのだ。

実際、傭兵の時代に戻りつつあるのかもしれないし、そうではないのかもしれない。だが、今が「メディア傭兵」の時代であることは間違いない。外交官、報道対策アドバイザー、ジャーナリスト、専門家、作家、ロビイスト、学者、シンクタンク、NGO、GONGO（政府運営のNGO）はみな「インフォウォリアー」（情報戦士）だ。彼らのせいで、私たちは、ニュース、意見、ゴシップ、噂、嘘、暴露などの情報にかつてなくさらされている。これはスマートフォンやインターネットの使用者にだけ当てはまるわけではない。従来のメディアも、24時間年中無休のニュースサイクルでＳＮＳの拡散スピードに必死に追いつこうとしている。「スローニュース」［情報の裏取りや考察に時間をかけたニュース］や長文の記事を維持するために素晴らしい努力がなされているが、結局のところ、情報レースでものを言うのは迅速性である。

このことが情報の武器化に大変革をもたらしたことは間違いない。たとえば１９８０年代、ソ連のＫＧＢは「デンヴァー作戦」という手間のかかる企てを行い、エイズをアメリカの生物兵器に仕立てようとした。その手始めとして、彼らは20年前に偽装組織を通して設立したインドの親ソ派の新聞に噂の種をまいた。１９８３年に「アメリカの有名な科学者」からの匿名の手紙がその新聞に掲載された。だが、まったく話題にならなかったため、１９８５年に元の記事を引用したものがソ連の有力紙に掲載された。ＫＧＢはブルガリアと東ドイツの諜報機関をこの陰謀に引き込んだ。とくに後者は、この話を「確認」する疑似科学的なレポートを作成した。著者は表向きフランスの科学者だった。数年間のうちに、もっぱら海外の親ソ的な（あるいは扇情的な）新聞を通してこの作り話は拡散された。世論の高まりを装おうとするソ連のメディアはさらに大きく取り上げた。伝えられるところによると、１９９２年頃、アメリカ人の約15パーセントがエイズが人為ウイルスであると信じていた。

これには長い期間、世界的な工作員のネットワーク、代理人、偽装組織、そして多量の資金とマンパワーが必要だった。中国が２０２０年に行ったキャンペーンと比較してみよう。３月中句、食品衛生基準のお粗末さが新型コロナウイルスの原因であり、中国政府は初期の感染拡大を隠匿したという非難を受けて、北京の情報戦士は、またしても、このウイルスがアメリカの生物兵器であるとほのめかすようになった。当局者はこの報告に関するツイートとリツイートを始めた。そして、西側の陰謀論者のサイトが喜んでこれを拡散した。政府の報道官がこれに対応しなければならなくなり、新聞も、のちに削除したが、この話を報じた。数日のうちに、この話は世界中の人々の意識に浸透した。アメリカ人の29パーセントは、新型コロナウイルスが中国国外のラボで生成されたと信じている。その効果はたった数日で（10年ではない）デンヴァー作戦の2倍となった。

戦争におけるナラティブ

かつての紛争には戦争の物語があったが、現代は物語の戦争になりつつある。紛争が、物理的な行為から、社会の想像力と集合的意思で戦う争いへと転換したことで、情報工作——あるいは、ニーナ・ヤンコヴィッチが適切な題名の著書『いかにして情報戦に負けるのか［*How to Lose the Information War*］』で述べているように、おそらく「影響工作」と呼ばれるのがいちばんいいだろう——は、もはやキネティックな手段の単なる付属物ではなく、しばしば代替物になっている。

このことは現代のロシアがとくによく理解しているように思われる。プーチンのロシアは、世界におけるロシアの正当な地位を脅かそうとする強力な西側諸国との紛争が膠着状態に陥っていると考えており、この新しい紛争形態をとくに熱心に採用するようになった。彼らは、これらの方法によって、「民主社会の集合体」という西側の重大な弱点を突くことができると考えている。第1章で述べたように、ロシアには転覆工作、偽情報、軍事力を駆使して西側の社会を粉砕することを目的とした「ゲラシモフ・ドクトリン」なる包括的な計画が存在するという間違った考えに多くの人々が飛びついたが、より正確には、ロシアは事実上ふたつの異なるアプローチを持っていると言うべきである。

参謀総長ゲラシモフの部下は、大規模な遠征戦争を計画している多くの現代の軍隊と同じように、サイバー攻撃、プロパガンダ、偽情報、その他の卑劣な戦術が、いかに自分たちの通常の軍事作戦を支援できるか熱心に探求している。これは何も新しいことはない。アメリカ独立戦争では、ジョージ・ワシントンの情報網が、転機となるトレントンの戦いのまえに、大陸軍［ワシントンが組織し指揮したアメリカ植民地の軍隊］の士気の低さについての偽情報を拡散して、イギリス側のヘッセン軍を油断させた。第2次世界大戦では、軍事的欺瞞は一種の技術になり、シチリアとノルマンディに連合軍が上陸することから枢軸国の注意をそらすために複雑な作戦が練られた。しかし、今では、それを行う機会がはるかに多くなっている。

ロシアの実業家エフゲニー・プリゴジンは、選挙干渉を行うオンラインのプロパガンダ推進組織「トロールファーム」だけでなく、傭兵会社のワグナー・グループを経営しているとして、アメリカ、イギリス、ＥＵから制裁を受けている。さらにワグナーは、民間軍事会社としてさまざまな戦場でロシアの国益を追求したことを非難されている。プリゴジンはワグナーとのつながりを否定し、自分に対する西側の告発をはねつけた。しかし、キネティックな紛争とナラティブ紛争は密接に関連している。たとえばリビア内戦では、ロシアが支持する軍事指導者のハフタル将軍をワグナーが支援するのに合わせて、西側向けと思われる偽情報がオンライン上に続々と出現した。それらを要約すれば、ハフタルはリビアで「神の仕事」をしており、「ジハードに反対する戦士」である、ということだった。その背後にいるのが誰であれ、ハフタルのイメージアップと、国を乗っ取ろうとする彼の試みを妨害しようとする西側を牽制するのが狙いであることは明らかだった。

ロシア軍自体は、敵を狼狽させる技術をさらにたくみに使いこなしている。ドンバスでロシア軍や代理部隊と戦っているウクライナ人は、携帯電話の着信音で仲間からメッセージが届いたことを知った。メッセージは「誰も自分の子供が孤児になることを望んでいない」とか「逃げよう」という内容であった。これらは、一度で最大２０００のモバイル接続を乗っ取ることができるドローンベースの〈レール３〉電子戦システムによるものだった。他方、アメリカ海軍が開発中のNEMESIS（ネメシス）こと「対統合センサー多要素シグネチャー網状エミュレーション」（最初にこのクールな頭字語をひらめいたあとで、システム設計に着手したと言う皮肉屋がいるかもしれない）は、ヴァーチャルな艦隊、潜水艦、航空機を出現させることができるという。転覆工作から指示ミスへ――兵士たちは混乱と不確実性という新しい世界へ足を踏み入れつつある。

分裂、分裂、分裂

ふたつ目のアプローチは間違いなくさらに重要だ。ロシア軍は影響工作を使用して戦場のバランスを崩す方法を模索しているが、ロシア政府の国家安全保障チームは、武力戦争にまったく関与することなく勝利する方法の提供を決定したようだ。これは、前述したケナンの「政治戦」の21世紀版とも言え、改竄、偽情報、指示ミスを用いて、武器を一切使用せずに国家の目標を達成することである。ゲラシモフ将軍は彼の重大な記事の中で次のように述べている。「政治的および戦略的な目標を達成するための非軍事的手段の役割は増加し、多くの場合、それらは有効性において武器の力を超えている」。筋金入りの戦車隊長である彼が、情報工作が戦車よりも強力かもしれないと示唆するなら、それは一理あることだ［ゲラシモフは「戦車大学」ことカザン高等軍事指揮学校の出身であり、第2次チェチェン紛争では第58軍の指揮官だった］。

ロシアを大国として再主張するプーチンの方針は、領土を拡大する必要はないが（クリミアは別だった。プーチンや多くのロシア人から見て、クリミア併合は1954年に奪われたこの半島を取り戻すことだったからだ）、西側と対立することだった。彼の立場で言えば、私たちを分裂させ、関心をそらし、自信をなくさせるものは何であれ有益なものだ。そのためロシアは、スコットランドからスペインのカタルーニャにいたるまでの分離主義勢力を鼓舞し、左派も右派も問わずに公平な悪意でポピュリストや過激主義者を応援し、国内および国家間の緊張を高めるためにあらゆることを行っている。

これには、イギリスの痛みをともなうEUからの離脱であるブレグジットを支援することも含まれていた。だが実際は、これらの影響キャンペーンは、結果に大きな影響を与えているようには見えない。ブレグジットの結果は賛否が52パーセント対48パーセントであり、この証拠が示唆しているように、ロシアの干渉のせいにするには無理がある。当時、スコットランド人は独立に反対票を投じており、ほかにもヨーロッパ大陸での選挙干渉の試みは多くの場合裏目に出ていたので、2016年のドナルド・トランプの勝利はロシア人を驚かせたようだ。ヒラリー・クリントンが大統領になることを確信し、彼女が危険な敵になることを恐れて、ロシア政府はすべての対立的な選択肢を支持し、反資本主義的急進主義から銃の所持を肯定する根本主義にいたるまで、あらゆる対立的な理念を後押ししていた（これが、プーチンがトランプを選んだと考える多くの人にとって議論を呼ぶ見解になることを期待する。私が言えることは、2016年の大統領選前に私が話したロシア政界人が誰一人として、トランプが大統領に選出される可能性を信じていなかったということである。さらに、彼らは2020年の大統領選でトランプ再戦を確実にしようと奮闘しているようには見えなかった）。

結局のところ、分裂は、洗脳者を使って秘密裡に国を乗っ取ることよりも達成可能で信頼性が高い目標である。ソ連は、少なくとも部分的には、マルクス・レーニン主義というイデオロギーに制約を受けていたが、今日のロシアは、ナショナリズムを超えた信条を持っていない。それは、左派と右派、急進主義者と伝統主義者、大企業と反資本主義者をすべて同時に支援することができるということであり、現にそうしている。

第2次世界大戦中、ウィンストン・チャーチルは「戦時下において、真実は非常に貴重であるから、彼女（真実）は常に嘘というボディガードを随行させるべきである」という印象的な言葉を残している。今日、不都合な真実は、政府系メディア、オンラインのトロール、代行者に生成され、伝播された嘘という殺し屋たちによって襲われる可能性さえあるのだ。2014年、ロシアが支援する民兵組織がロシア製のミサイルを使用して、ドンバス上空を飛行していたマレーシア航空のMH17便を撃墜したとき、ロシアの情報戦部隊がフル稼働して、何が起こったかの「代替ナラティブ」――この場合、真っ赤な嘘の遠回しな言い方だ――を生み出した。

２０２０年半ばの時点で、ＥＵのイースト・ストラトコム・タスクフォースは、航空機はウクライナのジェット機に撃墜されたというものから、もっと大胆なことに、２９８人の乗客と乗組員はあらかじめ死んでおり、彼らの死体を積んだ航空機が、ドンバス上空で挑発として故意に爆破されたというものまで、２６０以上のデマを確認した。

こうした戦術は、２０１８年にロシア軍諜報部が二重スパイのセルゲイ・スクリパリをイギリスで毒殺しようとしたこと（彼の娘が犯人だ！　ロシアがワールドカップの主催国になるのを阻止したいイギリスの陰謀だ！）や、２０２０年に反政府活動家アレクセイ・ナワリヌイを毒殺しようとしたこと（彼はアルコールと錠剤を飲ませられた！　ＣＩＡの仕業だ！）など、何度となく使われてきた。ロシアが「情報ノイズ（インフォシューム）」と呼んでいるものの狙いは、あれやこれやの情報を人々に信じさせることではなく、嘘の霧を濃くして、何が真実で何が嘘であるかを知ることを不可能にすることだ。その過程で、他国を混乱させ、決断力を持って行動する意思と能力を弱体化することがますます容易になるのだ。

ナラティブ戦争

これは単なるロシアの策謀（ダークアート）なのだろうか？　とんでもない。はっきり言って、程度の差こそあれ、どの国も行っていることだ。意志の強さと頑固さの違いが、しばしば他人からは区別がつかないように、他国のプロパガンダと自国の「戦略的コミュニケーション」の違いを区別することも難しい。だが、それは誰もがみな同じであるという意味ではない。国家が出資する大規模な国際テレビネットワークを考えてみよう。ロシアのRT、中国環球電視網（CGTN）、イランのプレスTVは、自らをBBC、ボイス・オブ・アメリカ（VOA）、ドイチェ・ヴェレと同じであると謳っているが、実際はそうではない。その違いは国家自体にある。前者はいずれも、現在はナラティブ戦争下にあると考えており、戦時レベルのメディア動員を要求している。他者の立場で考えるという客観性、バランス感覚、積極性――これらは戦時の国家が持つ余裕のない贅沢品のようだ。要するに、プロパガンダは常に戦争の背後で進行しているのだ。公然であるかどうかに関わりなく。

確かに、国家的アジェンダを掲げ、比較的高品質のテレビネットワークとして2005年に始まったRTは、BBCワールドサービス、VOA、フランス24からそれほど遠く離れたメディアではなかった。しかし、ロシア政府が西側との仮想戦争中であるとの考えを強めるにつれて、RTもそれにならった。2013年、編集長のマルガリータ・シモニャンが、ロシアにRTが必要な理由を尋ねられたとき、「国が防衛省を必要としているのと同じ理由です」と答えた。つまり、RTは情報戦における自らの役割を自覚しているのだ。戦いの準備をしてから戦争をするのでは遅い、というのが彼女の根拠だった。軍隊は万が一に備えて準備を怠らない。それはRTにも言えることなのだ。

現在、「高品質のニュース」という遺物は、有害な大言壮語や、陰謀論者や過激派グループにプラットフォームを提供する計画のとなりで居心地悪そうにしている。2020年のロシアの国家予算案には、RTへの230億ルーブル（3億ドル）が含まれていた。対照的に、VOAの2020年の要求は1億9000万ドルだった。だが、私たちは実際の影響を過大視すべきではない。たとえば、イギリスにおけるRTの最高視聴率は、ウェールズ語のテレビネットワークであるS4Cにやっと届く程度の低さだ。もっとも、RTはこの結果を逆に喜んでいるように見える。それは、自分たちの影響力に対する西側の警戒心の表れとしてロシア政府に報告できるからだ。

これはロシアに限ったことではないが、やり方は異なる。たとえば、中国のCGTNはロシアと同じ使命を負っているようには見えない。CGTNのモラルは、贈賄罪の嫌疑を掛けられたイギリス人ジャーナリストが、檻の中で鉄椅子に手錠でつながれ、恫喝（どうかつ）され、薬物を飲まされたあとで「自白」する様子を報道したことが示すように、少しも高くない。その一方で、中国政府は「情報ノイズ」への関心が低く、不都合な真実を覆い隠そうとし、好ましい報道を買いたがっている。たとえばアフリカでは、CGTNは多額の資金を投じて報道機関を立ち上げ、ふたつの編集チームを管理しているとされる。現地で採用されたジャーナリストや編集者は、あるネタが中国にとってとくに重要な意味を持つまで、かなり自由に報道していいことになっている。その後、北京の編集者が「助言」という形で介入して、内容修正や論調の変更、あるいは不採用を指示し、中国の政策が適切かつ熱狂的表現で取り上げられるようにしているのだ。

ほかにも多くの当事者がロシアの戦術や独自の戦術を採用して、影響工作を秘密裡に実施している。たとえば、2016年のアメリカ大統領選の期間中、ロシアはトロールやその他の手口を使ってネット上に対立の種をまこうとしたが、イランは特定の話題に絞ってイスラエルとサウジアラビアに対する非難を扇動しようとした。イランはとくに、アメリカの継続的なサウジアラビア支援を問題にするきっかけとして、サウジアラビアの（本当にひどい）人権状況を利用した。

対照的に、中国は華僑に焦点を合わせており、一般的に「フェイクニュース」の効果は低いと考えられるが、それでもとくに台湾をターゲットにしてきた。たとえば2019年、中国はあるジャーナリストによるビデオを配信した。それは、耳障りなポピュラー音楽にのせて、台湾の蔡英文総統が日本に国を売却しようとしているというものであった。これは、中国のSNSである微博（ウェイボー）の政府支援グループである帝吧（ティバ）によって大々的に宣伝された。ロシアにはネットトロールがいる。彼らは悪名高いインターネット・リサーチ・エージェンシーなどの組織に勤めている従業員であり、仕事としてSNSにフェイクニュースを流している。それに対し、北京には熱烈な愛国者と中傷好きのユーザーのネットワークである帝吧があり、政府を支持するミームを拡散し、政府を批判する国内外のコメンテーターを猛烈に攻撃している。

つまり、これらのナラティブ戦争は真実を隠したりプロパガンダを拡散したりすることにとどまらない。不都合な声を封じることでもあるのだ。2019年、アメリカのタブロイド紙である『ナショナル・エンクワイアラー』は、アマゾンのCEOで『ワシントン・ポスト』のオーナーでもあるジェフ・ベゾスの不倫を報じた。ベゾスのセキュリティチームは、『ワシントン・ポスト』がカショギの殺人を報道したことに対するサウジアラビアの報復であり、この不名誉な情報は彼の電話にインストールされたスパイウェアを通して収集されたものだと述べたうえで、ベゾスはほんの数週間前にサウジアラビアの王太子ムハンマド・ビン・サルマンと電話番号を教え合ったと付け加えた。

策謀(ダークアーツ)に対する防衛

多くの西側政府は「フェイクニュース」に不満を言うかもしれない。だがその多くは、自分たちがナラティブ戦争の渦中にいることを意識していないか、少なくともそれらが真に問題があると思っていないため、できることはたくさんあるにもかかわらず、真剣に戦っていない。ただ、その救済策の多くは費用がかかり、政治的に物議を醸すものであるか、（独自に悪意のあるナラティブを展開している）政治家にとってはまったく不都合なものである。

技術面の対策としては、悪意のあるＳＮＳ投稿を発見・削除するためにＡＩを活用することが考えられる。しかし、テクノロジーが行ったことを元に戻せるという希望は、今はまだ無益なことかもしれない。たとえば、アルゴリズムが自動化されたトロールを識別できるとしても、新聞の検閲まで任せようと思うだろうか？

プラットフォームにより大きな注意義務を課すという規制上の選択肢もある。これらの企業は責任ある新しい文化を体現すると主張してきたが、私たちはこれに対して懐疑的でなければならない。ＳＮＳを運営する企業は本質的に超国家的であり、国際法の範囲を大幅に超えている。さらに重要なことに、彼らは「炎と怒り」（fire and fury）に代表される一連のトランプの発言だけでなく、ネット上のいさかい、ウイルス陰謀論などから利益を得ている。それは、リンクをクリックするということであり、クリックによって収益が発生する。そのうえ、多くのいわゆる偽情報が実際には少数派の意見あるいは間違った文脈上の真実であることを踏まえると、事実と虚構が何であるかを彼らに決定するよう求めることは危険な一歩でもある。議論がマイクロアグレッション［無意識の偏見や無理解によって相手を傷つけること］として特徴づけられる時代において、不正確に見えるものが単なる意見として提示される状況にどう対処すればいいのだろうか？　社会主義者の真実は新自由主義者にとってのフェイクニュースかもしれないし、その逆もあり得る。

皮肉なことに、これに最も近い位置にいるのは、国民がアクセスできるニュースや意見を管理できる「ソブリン（国家）インターネット」を必要としている権威主義国家だ。「フェイクニュース」から身を守るために、私たちは本当に中国式のオンライン検閲を受け入れるのだろうか？　もしそうなら、検閲対象を決めるのは誰なのか？

そのうえ、政治的な対応は、実際の有効性という証拠に根ざしていることではなく、何かを――どんなことでもいいから――行っているように見られたいという単純な願望によってしばしば生じる。政府は通常、見せかけの嘘を探して無効化する「神話破壊」の組織を好む。それは彼らが、測定基準を設定し、影響ではなく活動を通して実績を主張できる官僚的な考え方に向いているからだ。要するに、証拠で政府が動くことはまれである。いやむしろ、政府がフェイクニュースを補強する場合もある。私は以前、角の立たない言い方をすれば「非主流的な見解」（NATOが対露戦争を計画していたとか、ブリュッセルのEU官僚がチェコの通貨の禁止を計画していたなど）をチェコの活動家から聞いたことがあった。彼は、チェコ内務省の「テロリズム・ハイブリッド脅威対策センター」が最近になって虚偽であると述べた噂に夢中だった。椅子にふんぞり返ってビールをすすり、その瞬間を味わってから、彼は切り札となる言葉を言った。「その噂が本当じゃないなら、なんであいつらは」――「あいつら」が権力者を指しているのは明らかだった——「あんなに必死になって否定しているんだ?・」この種のロジックに誰が反論できるだろう?

これらのアプローチはいずれも、部分的で一時的な救済以上のものではない(いや、それですらない)。反対に、深い解決策は簡単でも迅速でもない。空約束や卑劣な中傷にふけっている政府や政治関係者は、自らの再正当化に取り組まなければならない。だが、ここで有権者のほうも無実の被害者であると言い張ることはできない。というのは、私たちはあまりにも頻繁に、あまりにも長いあいだ、詐欺師やペテン師を甘やかし、そんな人物を選挙で選んできたからだ。私たちは、自分たちに相応しいとは言えないにしても、確かに自分たちが選んだ政府を持っており、その過程で海外からの操作や混乱に対して無防備にもなっている。

統治者に圧力をかけて、外国の影響工作の衝撃を最小限に抑えるためには、私たちはどんなときに自分が騙され、迷わされ、広く操作されているのかを知る必要がある。メディアリテラシーは、性教育や応急処置と同じくらい、新時代に不可欠なサバイバル・スキルだ。一般的に、それは学校で教えられることだと考えられている。それ自体に異論はないが、新たな知識を持った世代が有権者や候補者になるまでの二十数年間を待つつもりがないなら、その知識は社会の他の人々にも拡大されなければならない。

偽情報はしばしばウイルスにたとえられ、ウイルスと驚くほど似た方法で拡散される。「情報衛生」が拡散予防に役立つという点で、このメタファーにはふたつの意味がある。たとえば、イースト・ロンドン大学のファディ・サフィエッディンは、SNSユーザーの3割が、投稿をシェアするまえに内容が正しいかどうかを確認するだけで、その投稿が拡散されるのを防止できることを発見した。これは、新型コロナウイルスの感染を抑えるためにソーシャルディスタンスを実践することとよく似ている。事後に誤りを証明するのではなく、情報戦の邪悪な世界のスキルと理解を人々に提供することを目的とした「事前証明」は、私たち全員にワクチン接種を施すための最良の方法である。

それは一般受けしないし、容易でもないし、即効性があるわけでもない。また、口先だけの政治家、過剰な宣伝文句を使う広告者、その他のあらゆる公然・非公然の説得者にとって居心地の悪い新しい世界でもある。だがそれは、雨漏りするから屋根の修理をするか、バケツを置いておくか、雨が降るたびに傘を開くかの違いであると言える。

推薦図書

新聞の見出しを追いかけるようなお手軽な「情報戦」の本は、一般的に物議を醸している出来事だけを取り上げている。代表的なのはドナルド・トランプに関する本であり、それらのなかでは悪役（たいていはロシア人）に魔法のようなマインドコントロールの力が与えられている。幸いなことに、こうした問題を過大評価も過小評価もしていない良識ある研究も存在する。影響工作は旧ソ連とロシアで「積極的手段」と呼ばれているものの一部に過ぎないが、トーマス・リッドは *Active Measures: The Secret History of Disinformation and Political Warfare* (Profile, 2020) でこの点に注目しており、優れた考察をしている。ニーナ・ヤンコヴィッチの *How to Lose the Information War* (I.B. Tauris, 2020) は、タイトルの印象とは異なり、楽観的なトーンで書かれており、この紛争の最前線から素晴らしい教訓が得られる。デイヴィッド・パトリカラコスの *War in 140 Characters: How Social Media is Reshaping Conflict in the Twenty-First Century* (Basic, 2017)（『140字の戦争——SNSが戦場を変えた』2019年、早川書房）と、P・W・シンガーとエマーソン・ブルッキングの *Likewar: The Weaponization of Social Media* (Houghton Mifflin Harcourt, 2019)（『「いいね！」戦争——兵器化するソーシャルメディア』2019年、NHK出版）は、広く同様の分野をカバーしており、どちらも他方を補完する洞察を持っている。最後に、ピーター・ポメランツェフの *This is Not Propaganda* (Faber & Faber, 2019)（『嘘と拡散の世紀——「われわれ」と「彼ら」の情報戦争』2020年、原書房）は、主観と見せ掛けという新しい世界に関する個人向けの非常に読みやすいガイドブックである。

第10章

文化

我らがヒーローは、大量の銃やナイフ、さらには拳で敵を始末する。スプリング入りマットレスのコイルを使ってロケット推進の擲弾をキャッチする。戦車で度胸試しをする。ランボー？ 違う。ジェームズ・ボンド？ ありえない。答えは、レン・フォン。映画『ウルフ・オブ・ウォーネイビー・シールズ傭兵部隊 vs PLA特殊部隊』に出てくる中国特殊部隊のスーパーソルジャーであり、ド派手な主人公だ。クライマックスのアメリカの傭兵との対決で、「おまえらは俺たち白人より下なんだ。いい加減それを受け入れろ」と言われたレンは「そんなのは過去の話だ」と言い返し、傲慢な白人を打ちのめす。

アメリカはハードアクションの大ヒット映画を生み出してきたが、他の多くの分野と同様に、中国は猛烈な勢いで追いつこうとしている。中国の映画史上最高の興行収入を記録した2017年の『戦狼　ウルフ・オブ・ウォー』では、レン・フォンは軍から離れているが、難病の新治療薬をめぐって「ビッグダディ」に率いられたアフリカに拠点を置く「ディランコープス」という残忍な架空の傭兵会社（手の込んだ策略はあまり得意ではない）と対決する。映画のヤマ場で、中国海軍がピンポイント精度の長距離ミサイルで傭兵隊の戦車を爆破する。映画のラストでは、中国のパスポートの上に国民を励ます大げさなメッセージが重ねられる。「中華人民共和国の国民へ。外国で危険にさらされたとしても、希望を捨てないでください。あなたの後ろには、強くて頼りになる祖国があります」

このメッセージに念を入れるかのように、翌年2018年の大ヒット作『オペレーション∶レッド・シー』では、中国の特殊部隊はイエメン（映画では架空の国「イエワイラ」）の邪悪なジハード主義のテロリストから市民130人を救った。なお、テロリストたちは「ダーティボム」（放射能汚染爆弾）の使用を計画している。これは敵の卑劣さを印象づけるためだろう。派手な戦いが終わり、映画の最後では中国の戦艦がアメリカ海軍の船を威嚇して追い払う。中国は間違いなく世界の大国であり、中国政府は国民がどこにいても、自分たちの面倒を見てくれることを視聴者に印象づけるラストだ。

まあ、ウイグル人や民主主義の活動家や内部告発者でなければそう思うかもしれない。だが実際は、中国は他国で誘拐されたり拘束されたりした自国民の救出に特別積極的ではなかった。それは超主権国家の強力なメッセージであり、大英帝国最盛期のパーマストン卿（ヘンリー・ジョン・テンプル）の無意識の傲慢さを彷彿とさせる。彼は「臣民は、どの土地にいようと、イングランドの注意深い目とたくましい腕が不正と悪事から守ってくれることを確信するだろう」と断言した。

文化パワー

権力で大切なのはイメージであり、影響力で大切なのは想像力である。帝国は昔からこれを理解しており、公明正大な振る舞い、キリスト教、そして「私はローマ市民である（キーウィス・ローマーヌス・スム）」と言えることが、それらを築き上げて維持するための武力と同じくらい力を持っていた。冷戦時代、互いの核脅威によって米ソの直接対決は凍結されたが、その代わりにスポーツとイデオロギーが新しい戦場になった。１９８０年の冬季オリンピックにおけるアイスホッケーの試合で、アメリカが現チャンピオンのソ連に4対3で勝った「氷上の奇跡」は、当時でさえ一部の評論家によって、モスクワの最近のアフガニスタン侵攻に対する適切な非難であると賞賛されていた。

現在、文化は対立の場として存在感を増している。その効果はしばしば捉えがたく、海外で自己主張できるようにするために生命財産を費やさせることは、自国民を説得して敵を直接弱体化させることと同じくらいの重要性を持っている。だが、勝っているのは誰なのだろうか？　かつて平等主義、熱狂、産業の近代化への躍進を約束した、星をあしらい赤旗で覆われたソヴィエトモデルが、腐敗、抑圧、停滞の象徴に変わると、しばらくのあいだ「西側」は人類の未来であるかのように思われた。大衆文化では、ハリウッドとコカ・コロナイゼーション（コカ・コーラの世界進出）――アメリカ消費者のライフスタイルのグローバル化――が世界を支配した。ソ連を訪れた外国人観光客は、ホテルでリーバイス［アメリカのジーンズのブランド］を買いたがっている闇商人に声をかけられ、モスクワにピザハットの1号店がオープンすると、人々はこのファストフードと思われるものに5時間も並び、文字通り「自由の味」とされるものに喜んで1週間分の賃金に相当する金を支払った。他の帝国勢力は、正義と公正さの砦としてのイギリスの長年にわたるイメージ（トニー・ブレアの「クール・ブリタニア」という痛いイメージ戦略はまったく受けなかったが）から、シックを独占するフランスの企てまで、独自の方法で文化的資本をソフトパワーに変えてきた。

しかし、経済発展と大胆な文化的アウトリーチを組み合わせる新しい挑戦者が次々に登場している。とりわけアジアでは、ボリウッドとKポップがそれぞれインドと韓国の新しいソフトパワーを代表しており、中国は成長を続ける自国の経済力と軍事力の文化的側面を見出そうとしている。その一方で、ジハード主義者が公開した斬首動画からコンピュータゲームにいたるまで、新種の文化パワーがいたるところに出現し、新しいプレイヤーがそのゲームに参加しようとしている。

しかし、文化戦は実際にどのように機能するのだろうか？　歌が帝国を滅ぼしたり、戦争を始めたりするわけではあるまい。スポーツの契約によって併合が容認されるようになったり、ビデオゲームが平和主義者を戦争屋に変えたりすることはできない。確かにそうだ。だが、それを補うことはできる。

歌は帝国を崩壊させられるか？

かつて、ソ連の愚鈍な人民委員は、西側の音楽が若者を堕落させる武器になっていることを恐れていたが、彼らの懸念は正しかったのかもしれない。西ドイツのバンド、スコーピオンズのパワーバラード「ウィンド・オブ・チェンジ」（１９９０年）について興味深い話がある。この歌は１９８９年にベルリンの壁と東ドイツ政権を崩壊させた革命論者たちの賛歌のようになり、その後、他の旧ソ連圏の反共主義者たちの賛歌にもなった。そうした主張はＣＩＡに支持され、おそらく記事を書いたのも彼らだったのだろう。バンドは否定しているが、まったく信じられない話ではない。CIAは過去に、ボリス・パステルナークの壮大で批判的な小説『ドクトル・ジバコ』のロシア語版を印刷して配布したり、アーサー・ケストラーの痛烈な反スターリン主義の本である『真昼の暗黒』の本のコピーを、鉄のカーテンの向こうへ気球で送ったりしたからだ。

前章では、情報と誤情報の影響について述べたが、文化的なメッセージにも反体制的な価値観を広めたり、国民の意志を弱体化させたりする力がある。たとえば、韓国のNGOは（政府の暗黙の承認を受けて）、聖書、チラシ、禁止された映画のサントラCD、ラジオなどを気球で北朝鮮に送っている。気球を使うのは平壌の検問を破るためだ。北朝鮮は韓流を「南風（ナンプン）」と呼び、武器として明確に非難している。

同様に、2020年のインド・ネパール間の緊張を受けて、ネパール側（軍隊の規模はインドの15分の1にも満たない）は、国境付近に建てられたトランスミッターを介して批判的なメッセージをインド側に流した。だが、ネパールの真剣な言葉が嫌でもインド人の耳に入るというわけではない。そこで、人気のポピュラー音楽のメロディに乗せて「インドよ、いじめをやめろ」とか「我々の土地は盗まれている」などの訴えを流す方法も行われた。それに応えて、一部のインド人は紛争地域に対する自国の主張について愛国主義的（ジンゴイスティック）なミームを広めるようになった。

まさに「ジンゴイズム」（好戦的愛国主義）という言葉は、威勢のいい合唱から戦争が生じる可能性があることを示唆している。ロシアとオスマン帝国（トルコ）の戦争は何度も繰り返されたが、そのなかで1877年に勃発したものは、バルカン半島においてオスマン帝国の支配に対する反乱が起きたことと、ロシア皇帝がキリスト教徒の保護を名目にこの戦略上の要地を占領しようとしたことの結果だった。ロシアは1853～56年のクリミア戦争で犠牲者を出していたイギリス政府は、最善な行動を決めかねていた。ロシアが領土を広げることについての懸念があり、ヴィクトリア女王自身は、これが大英帝国にとって「最も価値があるもの」であるインドの支配権を奪う前兆になるのではないかと心配していた。折しも、自由党の党首であるウィリアム・グラッドストーンは、パンフレット「ブルガリアの恐怖と東方問題」（1876年）でバルカン半島にいるキリスト教徒の現状を伝え、オスマン帝国に対する怒りを喚起していたが、トルコ人にはほとんど同情を示さなかった。

その後、ミュージックホール［19世紀後半から20世紀初頭にかけてイギリスで流行した大衆芸能とその上演場所のこと］の人気歌手「ザ・グレート・マクダーモット」が登場する。熱狂的な合唱団を従えた彼は、1ギニーと引き換えに次のような歌を歌った。「戦争なんてまっぴらだけど、お国のためなら仕方ない／こっちにゃ船も兵士も金もある／ロシア熊との腐れ縁／奴らに都（コンスタンティノープル）は渡さない」。彼の歌は大流行した。のちにイギリス国王エドワード7世になる王太子も、非公式の引見の場で彼に歌わせた。遠くのいさかいにほとんど関心がない国民も、当然のことながら愛国的になった。政治のバランスが崩れ、ロシアに協約を強制するため、艦隊が正式に派遣された。

こうした一風変わった文化的干渉の威力は、消極的な国家に行動を強いることではない。むしろ、行動するか否かの国内の政治的議論に勝利するために文化的干渉が活用され得るということだ。19世紀のミュージックホールの騒々しい合唱は、オンライン動画やツイッターの大騒ぎに道を譲ったが、同じ原則が当てはまる。たとえば、2012年に公開された短編ドキュメンタリーの『コニー2012』は、題名の由来となったウガンダの戦争犯罪人でカルト団体の指導者ジョセフ・コニーを描いたものだが、その目的はアメリカにより積極的なスタンスを取らせようとしてきた人々とアフリカ連合に、コニーの「神の抵抗軍」と戦う軍隊を送る口実を与えることだった。2014年、ソニー・ピクチャーズがハッキング攻撃を受けた。アクセスされたファイルのなかにはまだ公開されていない『ジ・インタビュー』があった。これは金正恩との面会を許された2人のジャーナリストが、金を暗殺しようとするCIAにスカウトされるというブラックコメディである。北朝鮮政府（ハッキングの背後にいた可能性が高い）は激しい怒りを表明し、この映画を上映しようとする映画館にテロ攻撃を仕掛けると脅した。その懸念は二重の意味があったようだ。意地悪くわがままな金正恩を暗殺しようとする計画がたとえフィクションであったとしても、同様の試みが実際に北朝鮮国内で起こる可能性があるということと、アメリカが金体制に対して何らかの直接攻撃を仕掛ける気運が高まるのではないかということだ。コメディがそのような影響を持っているという考えは飛躍しすぎていると思うかもしれない。だがのちに、アメリカ政府に近い独立系シンクタンクのランド研究所の専門家が事前に相談を受けていた（彼は金正恩が殺害されるシーンは残すように助言した。それは「韓国だけでなく、北朝鮮でも暗殺を検討するようになるかもしれない」という理由からだった）だけでなく、東アジア・太平洋担当国務次官補も相談を受けていたことが判明した。生命と芸術は、私たちが考えているよりも密接に関係しているのかもしれない。

ライセンス契約は国をかばえるのか？

もちろん、世論は激しい議論の場であり、しばしば外部の力に影響を受け、形作られることさえある。たとえば中国は、自国の経済力と軍事力、そしてグローバルな野心に対する懸念が高まっていることを理解しており、それらに制約を加える具体的な行動を阻止しようとしている。これを騙されやすい世界をなだめる狡猾な策略と考えるか、ヒステリックな「中国嫌い」を和らげるための賢明な取り組みと考えるかはあなた次第だ。

このことは、外国人に安価な標準中国語のレッスンを提供することや国内の映画に出資することにとどまらない（２０２０年、ドイツの大手ブックチェーンは、習近平主席の演説集のような一気に読める本を目立つ場所に展示するために出資を受けていた可能性が浮上した）。本国で組織的な検閲を長いこと行ってきた中国は、都合が悪い話題や問題があると思われる話題に関する世界的な検閲を強めている。２０１９年、バスケットボールチーム、ヒューストン・ロケッツのゼネラルマネージャーであるダリル・モーリーが、香港の民主活動家を支持するツイートをした。このツイートはすぐに削除されたが、彼のツイートは拡散された。それまで中国で最も人気のあるアメリカのバスケットボールチームであったロケッツは、国営テレビからブロックされた。ＮＢＡ（ナショナル・バスケットボール・アソシエーション）は、国内でさまざまな進歩的な地位を占めていたが、中国との関係は向こう数年間で数十億の価値があると考えられていたため、中国をなだめるために迅速に動いた。モーリーは公に非難され、ゼネラルマネージャーを退任することになった。反体制派支持のサインは、放送された試合で取り除かれた。選手は中国の政策についてのコメントを控えるよう言われた。どうやら、表現の自由はビジネスの妨げになってはいけないようだ。

　経済力、冷酷さ、大衆の怒りの表現を組織的に複製する方法を組み合わせて、中国は世界の広場における自国のイメージを取り締まることを可能にしている。２０２０年、台湾と中国の活動家は、共匪（きょうひ）または五毛（ごもう）党（中国政府のために活動するトロールの蔑称）などの特定の単語をユーチューブのコメント欄で使用すると、15秒も経たずに自動的に削除されることを発見した。

ユーチューブは、これは「実行システムのエラー」のせいだと言ったが、同社が中国政府を怒らせるのを回避しようとしたか、大衆の不満に反応するシステムを操作する組織的なキャンペーンがあったのではないかという疑惑がいまだにくすぶっている。いわゆる「グレートファイヤーウォール」は、国内ユーザー向けの政治的にデリケートな単語やトピックを長いこと検閲してきた。ユーチューブの一件は、その種の情報管理を輸出する試みを表していると言える。

その目的は、簡単に言えば、ウイグルのイスラム教徒、香港の民主活動家の抑圧、チベット併合、新型コロナウイルス発生の公表の遅れなど、中国のさまざまな問題ある行動に対する諸外国の反応に目を光らせ、口出しできなくすることだ。あるアメリカの外交官が次のように言った。「我々は足元にも及びませんが、中国の意図は彼らの行動を正しく見せようとすることではなく、公の議論から彼らの行動が間違っているという意見を消すことなのです」。彼女はこう付け加えた。「その場合、人々を説得して暴露の損失を受け入れさせることはこれまで以上に困難になるでしょう」

ゲームは戦争を起こさせるのか?

合唱団がいくら愛国的な歌(ジンゴ)を歌っても、結局必要になるのは「船、兵士、金」である。政治戦であれ、経済的圧力であれ、あからさまな武力衝突であれ、覇権争いには資源と意志の両方が必要だ。これは、映画、テレビ、バイラル動画、コンピュータゲームを通して、国内で激しく争われている問題だ。

ペンタゴンが早くも1927年に、自身の方針に合った映画を支援するようになったことには理由がある。当時、第1回アカデミー賞に輝くことになる戦争映画『つばさ』の制作を支援するために、陸軍航空隊のパイロットと航空機が提供された。アメリカ軍の栄光を熱烈に表現することで、プロデューサーは実際の場所だけでなく道具一式まで使用できるチャンスを手に入れられるかもしれない。トム・クルーズ主演の戦闘機アクション映画『トップガン』(1986年)の続編である『トップガン　マーヴェリック』の製作者は、F/A-18ジェット戦闘機の使用を許可されただけでなく、ニミッツ級航空母艦へのアクセスも事実上原価で許可された。その見返りとして、ペンタゴンは彼らの「メッセージ」が映画に反映されていることを確かめる権利……つまり軍幹部だけの試写会を開く権利を得た。さらに2002年以降、ペンタゴンはアメリカ陸軍が登場するさまざまなコンピュータゲームに出資し、それを無料で配布している。なぜか? 開発者自らが語ったように「アメリカ軍のすばらしさを全世界に知ってもらいたい」からだ。

もちろん、これらの多くは国内消費用である。オリジナルの『トップガン』は、アメリカ海軍航空機を新兵採用の材料として最も効果的に使用したと評価されている。それは今日、アメリカ軍が独自のｅスポーツチームを抱え、『コール・オブ・デューティ』などのゲーム大会に参加して、他の参加者をリアルな軍隊に勧誘することと同じだ。『戦狼』シリーズの興行収入の大部分は中国だった。プロデューサーは利益を求めているが、愛国的な映画をサポートする国家は、軍隊に必要な新兵と、彼らが危険な場所に配備されるのを喜んで見ている大衆の両方を確保しようとしているのだ。

アメリカはこの分野で昔から優位な立場にあったと言えるが、ゲームにおいても挑戦者が現れている。『コールオブデューティ　モダン・ウォーフェア』のような現代戦をテーマにした作品では、当然ながら西側の軍事力は高められており、アラブのテロリストからロシアの国粋主義者まで、さまざまな敵が登場する。その一方で、この過度に中毒性のあるメディアが持つ可能性は、相手側からも評価されるようになった。２００３年、レバノンのヒズボラは『特殊部隊』というＦＰＳ（一人称視点シューティングゲーム）をリリースした。プレイヤーはイスラエル国防軍と戦う民兵を操作する(２０１８年にリリースされた続編の『聖なる防衛』では、シリアが舞台で「イスラム国」の兵士を相手にしている。これはヒズボラの天敵の変化を示す有力な証拠になる)。また、２００２年以来シリアに拠点を置いているアフカルは、『アンダー・アッシュ』（２００２年）と『アンダー・スィージ』（２００５年）という明確な政治的立場を打ち出した独自のシューティングゲームを制作した。どちらの作品もやはり敵はイスラエルだ。ゲームの狙いは、ヒズボラが間違いなく望んだであろう、新世代の兵士のトレーニングであれ、アフカルが主張したように、この種のジャンルの認知バイアスに対する挑戦であれ、重要な点は、文化的対立もこの分野に移行しつつあるということだ。

ダークパワー

これらのメディアで表現されているように、大衆の想像力を規定できない場合はどうだろうか？『ロッキー4』（1985年）では、シルベスター・スタローン演じる全米代表のボクサーのロッキーが、薬物で強化された不気味なソ連の殺し屋イワン・ドラゴと対決する。遠い続編に当たる『クリード　炎の宿敵』（2018年）では、ドラゴは自分の息子をモスクワでの試合に勝たせるため、やはり無慈悲なファイターに育て上げる。冷戦のステレオタイプは小綺麗になり、人民委員に代わってオリガルヒが登場し、ウラジーミル・プーチンはスクリーンから現実世界に足を踏み入れる究極の「悪役」として多くの人のまえに現れる。

ロシアもソフトパワーを獲得しようとしていないわけではない。2014年のソチ冬季オリンピックと2018年のサッカー・ワールドカップを成功させるために費やされた金と努力を考えてみよう。それらは、男性的で力強い国家のメタファーとして、（ときに薬物で強化された）ロシアのアスリートの能力を披露する古典的なソ連スタイルのチャンスであるばかりか、意地悪なロシア人というナラティブを弱めようとする試みでもあった。どちらのイベントもうまく運営され、想像力に富み、外国人を歓迎しているロシアを見せることができた。しかし、ロンドンとソールズベリーで毒殺者が暗躍し（亡命者のアレクサンドル・リトビネンコは２００６年に放射性ポロニウムで死亡。ＭＩ６のスパイであるセルゲイ・スクリパリは２０１８年に神経剤ノビチョクで暗殺未遂）、２０１４年には「リトル・グリーンメン」がクリミアに出現し、ギャングとハッカーがクレムリンのスパイとぐるになって活動しているため、これらのイベントの影響が限定的だったのはやむを得ないことだったろう。悪者のイメージはしつこくつきまとう。だが、逆に言えば、現在のロシア政権が、何らかの美点、さらには何らかの戦略を必要としていることのように思われる。

あなたは善人として、あるいは度胸のある成り上がりとして自分自身を売れると思わないだろうか？　それなら、プーチンのロシアが保有していると思われる、多くの点でソフトパワーに対立する概念であり、干渉するには危険すぎるというイメージを打ち出す「ダークパワー」に目を向ける価値があるだろう。つまり、学校で無敵のガキ大将として自分を見せることは、ある種のナラティブ上の勝利であり、抵抗を阻止したり、譲歩を引き出したりするために活用できるのだ。

何度となく、ロシアの方針は、他国の気分を害し自国を予測不可能で恐ろしいと見せるよう計算されていたかのように思える。たとえば２０１４年、デンマークはＮＡＴＯのミサイル迎撃システムに参加するかどうかを議論しており、フィンランドはＮＡＴＯそのものへの参加を検討していた（その場合、スウェーデンがあとに続いただろう）。しかし国内では、それによって危険が増すのではないかという声が上がっており、ロシアは明らかにそうした声が出るのを望んでいた。デンマークの国防情報局によると、２０１４年6月、ヘレ・トーニング＝シュミット首相を始めとする国の指導層が、ボーンホルム島で定期的に開催されている政治イベント「国民の集い」に参加したまさにそのときに、ロシアの軍用機がこの島に対する核攻撃のシミュレーション訓練をした。４機の戦闘機Ｓｕ‐27〈フランカー〉に護衛された、ミサイル搭載の2機の超音速爆撃機Ｔｕ‐22Ｍ３〈バックファイア〉が、低空飛行でバルト海を横断し、デンマークの領空に侵入する直前に引き返したのだ。ボーンホルム島のレーダー基地が発見し、Ｆ‐16をスクランブル発進させたが、ロシアが本気だったら、デンマーク軍は迎撃に間に合わなかっただろう。

　翌年、ロシアは3万３０００人の兵士を擁する大規模な軍事演習を実施し、ボーンホルム島を占領するだけでなく、デンマーク本土、スウェーデン、ノルウェー、フィンランドまで侵攻するリハーサルを行った。ロシアはスカンジナヴィアへの領土的野心を本当に持っているのだろうか？　本気でないことはほぼ間違いない。しかし、このような挑発的なシナリオを演習することで、ロシアはスカンジナヴィア地域の国々が自分たちを「刺激」したらどんな目に合うのかを警告したのだ。２０１５年、コペンハーゲンに駐在するロシア大使は、みかじめ料を要求するマフィアよろしく次のように警告した。「デンマークがミサイル防衛システムに参加したら、ロシアとの関係が損なわれ、平和が失われるだろう。もちろん、それを決めるのはデンマーク国民だ。私はただ、あなた方に自国の財政と安全が損なわれることを思い出してもらいたいのだ」。２０１６年、プーチンは自らフィンランドに対してＮＡＴＯ加盟の影響がまったくないと考えているのかと大仰に尋ねた。ロシア軍が両国の国境から離れた場所に退却したが、「彼らはそこにとどまると思うだろうか？」

結局、「政治的および安全保障上の要因を大局的に検討した結果として」、デンマークはミサイル防衛ネットワークに参加しないことを決断した。なお、フィンランドはＮＡＴＯに加盟していない。

ニッコロ・マキャヴェッリは『政略論』（１５１７年）で「狂気を装うことは非常に賢明」な方法かもしれないと言っている。アメリカのリチャード・ニクソン大統領がこのことをヴェトナム戦争の戦略として使用したことで有名だ。彼は紛争を終わらせるためなら核兵器の使用も辞さないとソ連と北ヴェトナムに信じ込ませた。また、最近の北朝鮮の行動は、自らを「合理的な」国家に見せようとするのではなく、（平凡な映画の中であっても）脅迫された場合は、不相応な、そして非生産的な方法で対応することを強調しているかのようだ。

恫喝や圧力で道を切り開くことは、短期的には功を奏するかもしれない（デンマーク国民に聞いてほしい）。だが、長期的にはデメリットのほうが大きい。アウトサイダーとして振る舞う戦略により、発言の信頼性が低下し、存在そのものが脅威になるからだ。そうした行動は、しばしば北朝鮮のようなのけ者(パーリア)国家か、テロリストの疑似国家のような失うものがない者たちの特徴である。たとえば、アルカイダやイスラム国などのジハード主義者が配信したおぞましい斬首動画は、警告であると同時に、彼らの絶対的な決意表明でもある。一握りの反社会的人間はその信念に惹きつけられるかもしれないが、その狙いは見た者を仰天させ、この狂信的な連中を打倒することはとうていできないという思いを植えつけることにある。これが実際に有効であるかどうかは別の話だが、捕捉され傍受されたジハード主義者のやりとりは、このような考えがおぞましいシーンの背後にあることを証明している。市場の爆弾、通りで銃撃された政治家、身の毛がよだつ動画――。これらはみな、まさに恐怖のメッセージである。

文化戦に勝つ

（偽）情報の問題と同様に、自由民主主義は自らに対して忠実でなければならない。私たちの政治家は、私たちの価値観の擁護者であるというイメージを打ち出すことには熱心だが、彼らの政治術が自身のレトリックと一致することはめったにない。ロシア、ベネズエラ、北朝鮮で、自由民主主義の意義を説くのは難しい。中国とサウジアラビアも同じだ。しかも、このふたつの国は、それらの価値観を嘲笑するばかりか、長いこと海外の民主運動家の迫害まで行ってきた。

世界中で表面化しつつある新しい権威主義に対して、真剣かつ持続的な新しい文化の――したがって政治の――反撃を開始する大きなチャンスがある。もしプロパガンダが虚偽、誇張、巧妙な省略という意味ならば、それは「彼ら」のプロパガンダに対して「私たちの」プロパガンダで対抗するということではない。アメリカ文化帝国主義の全盛期、アメリカンドリームを売る力が少なからず虚飾に依存していたことは言うまでもないが、すべての人に対する希望のメッセージだという熱意、楽観主義、誠実な信念を真に反映していた。だが、現代はずっと冷笑的で内省的な時代である。一部の人間の自由と繁栄が、往々にして多くの人々の搾取や、全人類に影響が及ぶ環境破壊の結果として獲得されたものであるという不愉快な真実は避け難くなっている。

プロパガンダ、検閲、大言壮語、ジンゴイズムが有効でないということではなく、それらが危険でしばしば破壊的なツールになるということだ。文化的な反撃を行うにはリソースだけでなく適切な語調も大切だ。威張り散らすよりもユーモアを交えて話すほうがいいし、説明するよりも模範を示して導くほうがいい。昔は映像フィルムだけで国や生活様式を売り込むことが可能な時代だった。ところが今は、映画をニュース映像と比べることができ、誰もがグーグル検索で疑似事実［繰り返し報道されて事実として受け取られていること］が本当かどうかを確認できる時代だ。捏造された世界の中で、自分の先入観を満足させて生きることも幸せかもしれない。だが、真実性は独自の影響力を獲得し直すことであると言えるだろう。要するに、私たちが自分自身についての前向きなメッセージを伝えようとするなら、率先して真にそのような生き方をしなければならないのだ。

もちろん、これは自然に解決する課題であるかもしれない。あるいは私たちが、偽情報を見抜くためのメディアリテラシーを獲得したり、武器化された文化に抵抗できるようになるかもしれない。ディズニーの長編アニメーション『ムーラン』の実写リメイク版（2020年）を考えてみよう。これは、多額の予算を投じて中国で撮影された映画であり、中国政府の関係者から大きな影響を受けている。文化人民委員が問題にしたと思われるラブシーンなど細かい点が削除されたが、この実写映画は見事にアメリカナイズされた中国の愛国プロパガンダに変貌を遂げた。撮影は、100万のウイグル人が強制収容所――「再訓練キャンプ」――で過酷な生活を送っている新疆ウイグル自治区でも行われた。映画のクレジットでは、中国の悪名高い政治警察である公安局の地方支部に感謝している。

で、その結果は？　この作品は世界的にも中国国内でも興行収入的に期待はずれに終わり、ディズニーはかなりの批判を受けた。文化戦に勝つことは実際にはかなり困難であり、愛国的な作品でさえ、よくて短期間のブーム、最悪の場合は逆効果に終わる可能性がある。情報の利用と同様に、あらゆるものが捏造され得る時代において、信頼性の高さはいっそう重要になると考えられる。文化を通じて影響力を投影しようとする国家は、それらの価値観と態度が本物である場合に、最も効果を発揮することに気づくだろう。

推薦図書

ジェイソン・ディトマーとダニエル・ボスの *Popular Culture, Geopolitics, and Identity* (2nd edition, Rowman & Littlefield, 2019) は、世界に影響を与える表現をテーマにした含蓄のある魅力的な入門書だ。ナンシー・スノーの *Propaganda, Inc.: Selling America's Culture to the World* (3rd edition, Seven Stories, 2010)（『プロパガンダ株式会社――アメリカ文化の広告代理店』２００４年、明石書店）は、とくにアメリカ情報庁に注目しており、エリック・ファッターの *American Empire and the Arsenal of Entertainment* (Palgrave Macmillan, 2014) は、より広い話題を扱っている。「ウィンド・オブ・チェンジ」についての話は、同名の興味深いポッドキャスト（Pineapple Street Studios/Crooked Media/Spotify, 2020）で取り上げられた。

第４部

未来へようこそ

第11章 武器化された不安定性

明後日、フランスの特殊部隊とドイツのハッカーが混乱を引き起こそうとする。フランスの対外諜報機関DGSEの海洋作戦部門であるCPEOMの潜水工作員が、一見平凡な漁船から無人潜水艦――深海潜水ドローン――を進水させる。無人潜水艦は海底から出ている光ファイバーケーブル（海岸に近く、安全のために埋められている）に向かい、爆薬を仕掛けてから船に戻る。誰も気付かない。作戦の指揮官がドローンを固定するのを手伝う。船員のひとりからのサムズアップで、彼は他のチームも任務を完了したことを知る。繊細さが要求されるミッションだった。爆薬は直接的にケーブルを切断する距離ではなく、衝撃波で間接的に破壊できる距離に置かれた。一見すればこのことに気づくだろうが、目的は秘密性ではなく否認権だった。

一方、美しいバイエルンの町ディリンゲン・アン・デア・ドナウでは、ドイツ連邦軍の新しい

CIRサイバー戦部隊の一部である第292情報技術大隊のハッカーが、空港のコンピュータにマルウェアのアップロードを完了しようとしていた。このコンピュータは最近アップデートされたばかりで、大部分の悪質なハッカーに対して耐性があったが、彼らの背後にある国家のあらゆるリソースを駆使して開発されたツールに対しては例外だった。

ターゲットはロシアでもシリアでもなく、リビアでもイランでもない。NATOとEUの加盟国であるイタリアだ。最後の武器となるのはEUの使者である。早朝のフライトでローマに入った彼女は、やや身なりが乱れている。彼女は携えている秘密は、ユーロを不安定にし、EUの潜在的な解体を引き起こすリスクを冒しても「イタレグジット」に踏み切れると考えているらしいポピュリスト新政権への大真面目な最後通牒だ。そのメッセージはきわめてシンプルだ。ブレグジットを通過させたイギリスが直面している問題をひどいと思ったとしても、イタリアが襲われることになる混沌と比べればどうってことない。かいつまんで言えば、彼女が外務省が使っている優雅なファルネジーナ宮のドアを通り抜けた瞬間に、オルビアとカリャリ［どちらもサルデーニャ島の都市］のネットに接続する2本のケーブルが切断されたのだ。島全体でダウンロードが凍結し、メールが送信トレイにたまり、銀行取引が停止したため、システム管理者が衛星リンク経由での再接続を急いだ。その一方で、カリャリにある島の主要空港のコンピュータが突然ダウンし、航空管制官は必死に到着便をアルゲーロとオルビアの小さな飛行場へとリダイレクトした。

これは慎重に調整された警告だった。サルデーニャはイタリアの全人口の3パーセント未満、GDPに占める割合はわずか2パーセントだ。死者は出ず、損害も短期間で済んだ。ケーブル修理には数週間、空港システムのクリーンアップにはおそらく1日で済んだかもしれないが、その後は完全に正常に戻ることになった。この事件はイタリアに深刻なダメージを与えるものではなかった。イタリア政府が望むなら、メンツを保つため、敵の行動ではなく一切を災難として説明できるという選択肢まであった。しかし、現代の生活と経済を支える相互接続性が、政治的なジェスチャーであろうと秘密工作であろうと、不具合になった場合に何が起こるかについて知らしめるには十分だった。

ネズミは剣よりも強いか？

これは現実離れした、EU嫌いの作り話なのだろうか？　もちろん。他国よりも隠密的な暴力や圧力を利用する傾向が強く、国際法やよりよいものを求める世論の制約があまりない国は多く存在する。ドイツは中国と同じではなく、フランスはイランと同じではない。しかし、同盟国同士に経済制裁をちらつかせ（2020年のノルド・ストリーム2ガスパイプラインをめぐるアメリカ対ヨーロッパ)、互いにスパイ行為を行い(トルコのスパイがイギリスやデンマークなど同じNATOの加盟国で発見された)、互いにロビー活動に大金を費やし(CRPフォーリン・ロビー・ウォッチによると、2018年にアメリカで最も政治的ロビー活動に資金を費やしたのはロシアでも中国でもなく、韓国、日本、カナダだった)、友好国のリーダーの電話を盗聴し(アメリカ国家安全保障局は、2013年までドイツのアンゲラ・メルケル首相の電話を盗聴していたらしい)、さらには敵国の代理軍を支援している(フランスとイタリアはリビア内戦で一方を支援し、トルコはもう一方を支援している)。これが同盟国同士の接し方だというのであれば、私たちが幸いなことにEU加盟国が互いのインターネットケーブルを攻撃することから程遠い場所にいることは明らかだ。しかし、より広範な政治的および経済的競争が容赦ないものになり得ることは驚くに当たらない。

これはひとつには、現代世界が冷戦の束縛から自由であるばかりか——当時、超大国はある程度、どの紛争を容認してどの紛争を規制するかを決定できた——全面的な国家間戦争の危険性からも自由であるからだ。第2章で述べたように、そうした紛争は、国際法の特性などの前向きな理由だけでなく、経済的および政治的な観点からも費用がかかりすぎるため、あまり一般的でなくなってきている。

人間の安全保障報告プロジェクト(HSRP)は何年にもわたって紛争の軌跡を追いつづけて

きた。彼らが提示したデータによると、1990年代初頭から2000年代末のあいだに、紛争の総数は劇的に減少し、1年間に最低1000人が殺害される凶悪な戦争は、ほぼ4分の1になった。2010年以降、彼らは世界の戦争死者数の顕著な急増を報告するようになった。スウェーデン・ウプサラ大学の「紛争データプログラム」を利用して、2010年から2014年のあいだに死者数が600パーセント急増したと結論づけた。ただし、これらの大部分はイスラム過激派が関与している紛争であり、少なくとも部分的には内戦だった。さらに言えば、一時的なものだった。2014年以降、これらの「戦闘による死亡」は、圧倒的多数を占める中東でもふたたび減少傾向になった。ほとんどの戦争は相変わらず国内紛争であり、外国の関与もあったが、同胞間の不毛な争いだった。

もちろん、こうしたデータは国家間の銃撃戦がもはや行われないことを意味しない。高価な新しい武器とか頼りになる古い武器が、不運や敵意や謀略でお呼びがかかることもあるだろう（なお、信頼性の高いベテランライフルのAK-47は、核爆弾や他の「大量破壊兵器」よりもはるかに多くの人間を殺してきた）。2020年、シリア、リビア、イエメンでは戦いが続き、ナゴルノ・カラバフをめぐるアルメニア・アゼルバイジャン間の散発的な紛争が再燃し、中国とインドの兵士がカシミール高山で騒ぎを起こした。それでもほとんどの場合、関係者は対立が激化するのを回避したいという明確な願望を持っていた。実際カシミールでは、両陣営は石砲、ナイフ、有刺鉄線を巻いた棒の使用を避けている。流血があったことは確かだが、国境紛争の収拾がつかなくなることを回避したいという思いが働いていた。

では、世界は安全になってきているのだろうか？　そんなことはない。何人が戦いに参加して、何人が死んだのかを評価する学術研究は存在するが、問題は、他の多くの学術研究と同様に、定義をめぐる議論に支配されがちであるということだ。戦争とは何か、大規模な紛争とは何を指すのか？　内戦でサプライチェーンが破壊されたせいで、飢えに苦しんでいる子供は戦争被害者としてカウントされるのか？　戦争で負傷し、動員解除になったあとに自殺した人は？　遠くで行われている紛争の代理部隊として殺人を行うテロリストや、地球の裏側から仕入れた麻薬を売るために地元で縄張り争いをするギャングは？

内戦、反乱、重武装の犯罪組織間の衝突といった内紛は、かつてないほどよく見られるようになり、死者や負傷者や難民などの犠牲者の総数は高止まりしている。ふたたび「紛争データプログラム」によると、非国家紛争による戦死者の数は２０１８年に最も高く、巻き添え犠牲者の数も同様に高い。国家同士は武力衝突をしていないかもしれないが、世界は依然として危険な場所なのだ。

フライ・バイ・ワイヤ社会

ある意味、これはより広範な課題の血で汚れた証拠にすぎない。本書で述べられている多くのプロセスと策略の頂点に位置するものは、各国内および一般的な国際組織内の不安定性の増加である。その多くはまったくの偶然ではない。私はその背後に何らかの陰謀が渦巻いていると言いたいわけではない。むしろ、その不安定性とはダイナミズムと即応性の裏返しである場合が多い。現代社会を高度な航空機と比較するのは無理があるかもしれないが、アメリカのF－117〈ナイトホーク〉やロシアの新しいSu－57〈フェロン〉など角度のある鋸歯(きょし)状のジェット機は、あえて不安定になるように設計されている。昔であったら墜落の原因になっただろうが、最新のコンピュータ・システムで航空機の動作を監視し、操縦翼面を調整しているので、人間のパイロットよりもはるかに迅速かつ正確な管制飛行を維持できる。この「フライ・バイ・ワイヤ」制御システムが機能しつづける限り、不安定な航空機は安定した航空機よりも反応性・操作性・効率性の面で上にある。

インスタント・コミュニケーションと非媒介的なメディア、国境を超えたサプライチェーン、ジャストインタイムの物流（これにより、在庫は可能な限り低く抑えられ、予想されるニーズに基づいて補充される）、コンピュータ化されたアルゴリズム駆動の株取引、税金と規制の管轄区域を選り好みできる多国籍企業、世界的な犯罪ネットワーク、グローバルなミーム――。これらはすべて、何も配備することなく、従来の社会的・政治的・経済的なガバナンスを弱体化させてきた。伝統的な国家、家父長制的な家族、メディア王、ネットワークを牛耳る者――。たとえ現時点で彼らがどのように変わりつつあるのかがわからなくても、衰退するか時代に適応するかの圧力にさらされている。

グローバル社会はこれらのプロセスの犠牲者ではない。もっぱら受益者であり、間違いなく共犯者だ。現代世界の不安定なフライ・バイ・ワイヤの性質は、これまで束縛されるか軽んじられてきた人的資本を解放し、人間を貧困から脱出させ、技術の変化を促し、大規模な経済成長を生み出し、オンラインゲーマーの集団から、災害が発生した際に資金や実際的な援助を提供するために形成される臨時ネットワークにいたるまで、世界中に広がる新しいコミュニティの形成を可能にする。1998年から2018年にかけて、世界の出生時平均寿命は67歳からほぼ73歳に上昇し、絶対的貧困状態にある世界の人口割合は1995年の32パーセントから2015年の10パーセントに減少した。これは革命的だ。

次の最終章では、〝あらゆるものの武器化〟を生き抜く方法だけでなく、それが私たちに利益をもたらすことにも目を向ける。だが、当然のことながら、不安定性のデメリットから逃れることはできない。ポピュリストや分離独立主義者は、フェイクニュースや陰謀論という泉でのどを潤し、それによって力を得ている。ナラティブ紛争はコミュニティを分断し、既存のシステムや政治形態の正当性を疑わせる。経済的圧力は汚職を助長し、汚職で金儲けできない者を貧しくする。新自由主義経済によって解放された市場は国境を急いで越え、多くの国家支配から自らを解放した。法は武器にはなるが、盾にはならない。極端な場合、ときには北アフリカやアフガニスタンのような、露骨な軍閥主義が醜い頭をもたげることがあるが、別の場所では、傭兵、民間治安部隊を持つ企業、現地の警察や準軍事組織の支配を主張する地方当局の台頭によって、より都会的な装いをするようになっている。世界中で一般化された正当性の危機が存在し、それらは地域ごとに異なる形態を取っている。だがこれは、新時代の非キネティック戦争の結果であるだけでなく、それに対する新しいチャンスでもあるのだ。

「特殊作戦」としての地政学

すぐに自認するか暴露されてしまう否認可能な代理戦争に頼ることも考えられるが、ふたつの国が従来的な意味で交戦中である場合の事象はきわめて明白である。戦闘があり、死がある。公に宣戦布告を行う動機がある――それにより、兵士はジュネーヴ条約のもとで権利を持つが、同時に国際法の明確な制約下に置かれる。

しかし、国家同士の争いにおいて具体化された熾烈な競争、誤解、伝統的な敵意、政治的な権力意識のすべてが、戦争という媒介を通して現れない場合、何が起こるのだろう？　２０１８年、ロシア国際問題評議会の事務局長であり、リベラル派の学者で元外交官のアンドレイ・コルツノフは、「政治のパラダイムや外交のパラダイムに対する戦争のパラダイムの勝利」と「世界政治の非軍事的側面への軍事的思考の拡大」の影響について厳しい警告を行った。コルツノフは、プーチン自身も主要参加者として出席するロシアと外国の専門家会合のヴァルダイ・クラブで次のような発言をした。

「恋と戦（いくさ）は手段を選ばぬ」ということわざがあるが、彼らは偽情報、欺瞞、挑発も手段のうちに入ると言う。しかし、評判、予測可能性、信頼性が非常に重要な政治ではそうであってはならない。（中略）私たちはみな、東洋であれ西洋であれ、戦時の行動法則に従って生きようとしているかに見える。戦時において、あらゆる手段は優れたものとなり、評判は手が出ないほどの贅沢品になるか、すぐに使い果たしてしまうリソースになる。その結果、たとえば、政治と特殊作戦のあいだの越えてはならない一線は事実上消去されるである。

「特殊作戦」、つまり諜報機関の任務は、新しいパラダイムに突入したのかもしれない。それは、ありていに言えば、同盟国同士でさえ互いに監視し合うということである。「スパイ活動を行わない」合意が存在する非常にまれな場合でさえ、彼らはその合意を回避する方法を見つけるものだ。外国交渉、オープンソース分析、外注化された活動（他国で独自の情報源を持っているコンサルタント会社に機密情報の収集を委託することなど）といった「ライトなスパイ活動」に頼るかもしれない。あるいは、間接的に行うかもしれない。イギリスの政府通信本部とアメリカの国家安全保障局（ＮＳＡ）が運営するインターネット監視プログラム「マスキュラー」は、世界中の何百万もの電子メール通信に関するデータを吸い上げ、それによって同盟国間の通信の追跡まで可能にしている。あるいは単に抜け穴を探す場合もある。ソ連崩壊後に誕生した「独立国家共同体」の条約には、ロシアの対外情報局は加盟国に対してスパイ行為をしないことが明記されていたが、ロシアの軍事諜報機関とＦＢＩの強化版とも言える連邦保安庁は条約の範囲外であったため、それらが加盟国に対してスパイ行為を行うようになった。

したがって、仲間内でもスパイ行為が行われる。とりわけ、両者のあいだで経済的な競争が不可避な場合は。欧州委員会の当局者は、２０１８年のブレグジット交渉戦略をめぐる彼らの文書や議論にアクセスするためにイギリスの諜報機関が動員されたことを示唆した。フランスの諜報機関である対外治安総局は４つある部門のひとつが経済部門に特化している。こうした国は積極的な諜報活動で国内の擁護者を熱心に支援してきた。彼らの活動は、サイバースパイ活動（アメリカの2013年の国家情報評価書では、この点において、フランス、ロシア、イスラエルを中国に次ぐ主要な脅威として挙げている）から、高官のブリーフケースをあさるといった旧来の方法にいたるまで多岐にわたっている。その狙いは、国内研究の質を向上させ、輸出契約を成立させることであり、フランス人がどこに行こうとも、彼らの主要な競争相手は従わざるを得ない気持ちにさせられる。フランスだけではない。2015年、オーストリアは自国の防衛企業に対してNSAがスパイ行為を働いたと主張した。ドイツはヨーロッパの多国籍合弁企業ユーロコプターに対する同様の作戦を明らかにした。2020年にはデンマークが、デンマークとスウェーデンの企業がNSAに詮索されていると主張した。また、戦略的コミュニケーションと心理戦の境界が曖昧な情報工作は、ロシア、中国、イランだけの特技ではない。たとえば2020年末、フェイスブックは、アフリカでの軍事的プレゼンスを促進しているフランスの軍事諜報機関が密かに運営しているアカウントを停止した。

したがって情報工作は、同盟や公式の協定に関係なく、偏在的かつ安定的である。それらは、敵対的な転覆工作を見つけ出して抵抗することであれ、主要な貿易協定を獲得することや条約の締結を支援することであれ、国益のあらゆる側面の保護を目的としている。それらには、ハッキングから物理的侵入、文化汚染、露骨な暴力にいたるまであらゆるものが含まれている。個々の作戦は妥協したり、中止になったり、終了したりとさまざまだろうが、諜報戦は宣言されることもなければ、真に終結することもない。国家間紛争という新しい世界を表すのにぴったりなメタファーはあるのだろうか?

戦争がなければ平和もない

私たちが直面している真にグローバルな脅威――とくに気候変動――が、やはり新しいグローバルな思考をもたらしていると考えるのはいいことかもしれない。問題は、人間は複雑な動物であり、ある目標に真剣に協力しつつも、別の目標を夢中で完遂することができるということだ。たとえば、別のより差し迫った地球規模の課題を考えてみよう。新型コロナウイルスは2020年に世界中で猛威をふるった。ワクチン研究と医療データを共有するための連携や、貧しい国が医薬品にアクセスすることを支援する取り組みといった国際社会の純粋な結束があった。国同士の非難合戦や責任追及もあり、被害が深刻でない国からは自国の民度の高さを遠回しに誇る発言も聞かれた。ロシアと中国は、「ワクチンレース」に勝利し、その結果として政治的な、さらには経済的な利益を獲得するためにスパイ活動に目を向けたと言われている。他方、アメリカはその経済力を利用して、レムデシビルのような薬品や防護服の市場を独占しようとした。伝えられるところによれば、当局者が文字通り上海空港にドルが入ったスーツケースを持って現れ、フランス向けの医療用マスクの出荷を阻止したという。

いまやますます神話化されている昔の安定していた時代を復活させることに期待をかけたくなるが、これは実際には一時的な現象であり、もっぱら冷戦の副産物であったことは明らかだ。西側の「第一世界」、東側の「第二世界」は、代理戦争の戦場となった「第三世界」を犠牲にして、当時の見掛け上の安定を維持してきた。冷戦は、ヴェトナムと朝鮮半島、アフガニスタンとアンゴラ、ニカラグアと中東では熱戦であった。この「安定」は、お互いの核戦争の恐怖によってもたらされた。もし可能だったとしても、本当にこの時代へ戻りたいかどうかは怪しいものだ。

よって代替案は、不安定性というチャンスを受け入れることと、不安定性が動的で前向きな力になる可能性があることを受け入れることかもしれない。抜け目ない企業は不確実性を利益に変えられる。ある企業幹部の言葉を借りれば、政治的リスク分析は、かつては最悪の事態を回避することだったが、今ではそれが金儲けの道になっている。国家は不安定な秩序の柔軟性を利用できる。イギリスのある外交官が私に言ったように、その技術は「不安定性を騒乱の元にするのを許さない」ことではなく、「不安定性はダイナミズムとご都合主義の別名であり、そのなかで自己の利益とより広い道徳的問題とのバランスをとる必要があることを理解する」ことだ。それは私たちが最後に検討すべき課題だ。なぜなら、本書は「パンドラの箱」のように最後に希望が残っていることを望んでいるからだ。

推薦図書

現在の手に負えない、無秩序な状況について解説した本はたくさんある。J・L・ブラック、マイケル・ジョーンズ、アランダ・セリオールトが編集した *The New World Disorder: Challenges and Threats in an Uncertain World* (Lexington, 2019) は、膨大なエッセイ集であり、バルカン半島からブレグジットまで幅広い問題を取り上げている。ピーター・ゼイハンの *Disunited Nations: The Scramble for Power in an Ungoverned World* (Harper, 2020) は、より独断的だが、優れた本であることに違いない。もちろん、別の見解を知ることにも価値がある。フランシス・フクヤマの主張は、誤解され批判されてきたが、彼の *The End of History and the Last Man* (Free Press, 1992)（『歴史の終わり』１９９２年、三笠書房）は、民主主義と平和が、究極的に必然であると考える学派の最良の書でありつづけている。この主張への反論としては、エイミー・チュアの *World on Fire: How Exporting Free-Market Democracy Breeds Ethnic Hatred and Global Instability* (Arrow, 2004)（『富の独裁者――驕る経済の覇者　飢える民族の反乱』２００３年、光文社）をおすすめする。本の題名（市場経済民主主義の輸出は、なぜ民族的な憎悪を引き起こし世界を不安定にするのか）がすべてを言い表している。

第12章　永遠に続く無血戦争を愛せるようになる

1364年、都市国家フィレンツェは戦争状態にあった。隣のピサに雇われ、イングランド人のジョン・ホークウッドとラインランダー・ハンネケン・フォン・バウムガルテンに率いられた傭兵軍はフィレンツェに進撃し、その途中の町ピストイアで略奪行為を働いた。これを迎え討つため、フィレンツェは自国の傭兵隊長ガレオット・マラテスタのもとで兵を募集した。両陣営は6月28日にカッシーナでぶつかった。意表をつかれはしたが、フィレンツェはこの戦いに勝利した。とりわけ最新鋭の鋼製の弓矢で武装したジェノヴァ傭兵団の貢献は大きかった。だが、たった1日で数百人の犠牲者を出し、おそらく2000人ものピサの住人が捕らえられた。その一方で、東に65キロ離れたところにいるフィレンツェの人間は、過酷な夏の太陽が照りつけるカッシーナの畑が血で染まっているとは思いもしなかった。金融屋は、緑の布で覆われたカウンターの向こうに立ち――カウンター（バンコ）は銀行（バンク）の語源になった――両替と貸し付けを行っていた。彫刻家のアルベルト・ディ・アルノルドは、ビガッロ回廊に通じる扉の上を飾る『聖母子と二天使』の最後の仕上げをしていた。旧市場とサン・ジョヴァンニ洗礼堂のあいだの曲がりくねった路地では、町の娼婦がいつもの客引きをしていた。要するに、兵士が戦って命を落としているそのとき、フィレンツェの人々はいつもの生活を続けていたのである。

もちろん、それは「彼ら」の兵士の大部分がよその場所から来た傭兵だったからだろう。マラテスタ自身はイタリア東海岸のリミニの出身であり、フィレンツェのまえにナポリとシチリアのために戦い、まずビザンティン帝国に仕え、次にローマ教皇に仕えることになった。そのうえ、都市は戦局が彼らにとって不利になれば、包囲され略奪される可能性があったが――15世紀の終わりにフランスに侵略されて、その後65年間廃墟になるまえのことだ――そうでない場合は、紛争は比較的限定的であり、他の領域で戦われることが多かった。兵士が自分の担保可能資産だった傭兵隊長たちは、会戦による損失を回避するため、相手の機先を制して戦いの主導権を握ろうとした。他方、君主や権力者は、有名な芸術家に作品を依頼し、報道者や歴史家に適切なナラティブの作成を指示することで、自分の文化的権威と財力を競い合った。

鳩時計の時代ではない

現代と状況はまったく同じではないものの、ルネサンスの戦い方は示唆に富んでいる。多くの「北部」の国々――ヨーロッパ、北アメリカ、ロシア――にとって、彼らが関与するあからさまな軍事紛争は、もっぱら選り好みされた戦争であり、責任を回避できる戦争である。彼らは、中東からアフリカにいたるまで、「向こう」で戦っている。死傷者は出るものの、大部分はプロの兵士であり、彼らは一般市民や政治家が安全を選ぶ際に、危険を選んだと見なされる者たちである（多くの兵士にとって、代替の選択肢はそれほどなかったかもしれないが）。しかし、戦争はドローンや本物の傭兵から同盟軍や民兵にいたるまで、代行者を相手に戦っている場合が多い。アンドレアス・クリーグとジャン＝マルク・リックリが２０１９年の同名の本で主張しているように、現代は「代理戦争」（surrogate warfare）の時代である。

同様に、制裁や映画、弁護士やスパイで戦われる秘密の国内紛争は、新しい戦場に移行した別の形の代理戦争である。外国で戦死した兵士を悼む家族、テロリストによる爆撃、制裁で疲弊する経済、慎重に扇動され有害さを増した公の議論――いかなる場合でも、戦況が思わしくないと逆流（ブローバック）が起こり得る。しかし多くの場合、戦争は他人事であり、フィレンツェの場合と同じく日常が続くのだ。

加えて、これらの紛争は遠いだけでなく隠密的であることが多く、その結果として、宣戦布告がなく、承認されておらず、価値を認められてさえいない。そして、公然と開始されなかったことが正式に終了することはめったにない。戦争と平和というシンプルで安心感のある二項関係ではなく、すなわち誰もが思うような単純明快な戦争が常に行われるわけではなく、私たちは現在、程度の差はあるものの、誰もが他人と年がら年中戦争状態にあると言える時代に向かいつつある。もちろん、敵と味方は依然として存在するだろうが、状況や時期が異なれば、敵と味方が何を指すのかも異なってくる。戦争、敵、勝利――私たちの語彙は時代遅れであり、これらの概念はすべて見直されなければならない。万人の万人に対する政治的闘争という、永続的で昇華された紛争が起こり得る世界へようこそ。

このことを早く認識して適応できれば、状況を回避できる可能性が高まるし、無効にさえできるだろう。絶え間ない争いの未来に不安を覚えるかもしれないが、流血のない戦闘、調整された強制力、外注化された対立状態という時代には、機会や美徳も存在する。比較対象がルネサンスなら、オーソン・ウェルズの『第三の男』（1949年）に出てくる、不適切かもしれないが、間違いなく記憶に残るセリフを覚えておくべきだ。「ボルジア家が30年間支配したイタリアでは、戦争、テロ、殺人、殺戮が日常茶飯事だったが、ミケランジェロやレオナルド・ダ・ヴィンチが活躍し、ルネサンスが花開いた。だが、兄弟愛に溢れたスイスはどうだ？　彼らは民主政治と平和の500年で何を生み出したんだ？　鳩時計さ」。現代が鳩時計の時代でないのは間違いない。

国際機関――新しい関係性？

新しい戦争世界に適切に取り組む方法を論じようとすれば、それだけで1冊の本になってしまう。だが、現代社会のさまざまな側面が、害を最小化し機会を最大化するために前向きな方法で対応できることを概観するのは大切だ。国連のような国際機関が介入する余地がないように思うかもしれないが、おそらくまったく逆である。むしろ、その焦点は「大規模な戦争（ビッグウォー）」に取り組むことから、国際関係の新しい「エチケット」を設定して実施することに移行しなければならないということだ。たとえば、シリアで化学兵器による攻撃があったことや、セルゲイ・スクリパリ（2018年）とロシアの野党指導者アレクセイ・ナワリヌイ（2020年）が神経剤ノビチョクを使った毒殺未遂の被害に遭ったことを受けて、化学兵器禁止機関（OPCW）が注目されている。OPCWの強みはその専門性にある。1997年の化学兵器禁止条約に従って、すべての化学兵器の恒久的かつ検証可能な廃棄に純粋に特化しており、世界クラスの専門知識、条約によって定義された一連の権力、そして相当な世界的権威をかき集めることが可能だ。ロシアはこれらの攻撃で非難されており、化学兵器の貯蔵をOPCWから隠そうとし、最終的にはハッカーチームを派遣して、近くの駐車場からワイヤレスでコンピュータシステムに侵入しようとしたこともあったようだ。だがそのロシアでさえ、ＯＰＣＷの要求を受け入れている。

国家間の紛争の概念が、法律、犯罪、知的財産をめぐる争い、ＳＮＳのアルゴリズムなど他の多くの分野や問題の武器化に及んでいくにつれ、課題はこうした紛争を非合法化することではなく――どうやってそれが可能だろうか？――それらを管理し節制することになるだろう。インターポール、国際司法裁判所、世界保健機関、さらには国際電気通信連合（情報通信技術に関連するあらゆる事柄を担当する国連機関）などの既存の機関は、これらの新しい課題に適応するためにルールを強化しなければならない。

短期的には、これは難しいように思えるかもしれない。とくに新しい形態の国家間紛争を熱心に取り入れている国々が自国の選択肢を制限されることに消極的であることが予想されるからだ。しかし、これは以前にも見られたし、克服されてきた課題である。たとえば19世紀、イギリスとアメリカは拡張弾の一種である「ダムダム弾」［着弾時の衝撃で鉛が露出し傷口が拡大する銃弾］の使用禁止に消極的だった。それは、インドやアフリカ、さらにはフィリピンの狂信的な部族に対してダムダム弾を使うことを好んだからだった。それでも、１８９９年のハーグ条約でダムダム弾の戦争使用が禁じられると、彼らはそれを受け入れた。理由は、自国の兵士に使用されるのを避けたいことと、国際的な圧力と国内世論に押されたためだった。

なお、X線で検知不可能なナパーム弾やプラスチック榴散弾などの凶悪な武器に関しては、1980年に締結された「過度に障害を与え又は無差別に効果を及ぼすことがあると認められる通常兵器の使用の禁止又は制限に関する条約」という近寄りがたい名前の条約が、それらの使用禁止を目的としていた。現在、サイバーセキュリティ条約に関して、国連では活発な議論が行われており、1936年の「平和のためのラジオ放送使用に関する国際条約」と1953年の「国際修正権に関する条約」が、偽情報の問題に取り組むために転用可能であるとの提案がある。要するに、国際法とその慣習を非難することはよくあることだが、それらは問題に追いつこうとしているのである。

それとは別に、善人がこうした新しい選択肢を利用できたらいいのにと思う。国際法に従わない体制を弱体化させるために、洗練されターゲットを絞ったプロパガンダを公然と透明性をもって使用するならどうだろう？　真実に忠実であって、誇張や歪曲をしないよう細心の注意を払うなら問題ないのではないか？　あるいは、汚職者、職権乱用者、殺人犯の資産を凍結して押収するためのより積極的な取り組みはどうか？　戦争やテロリストの追跡にミサイルを搭載したドローンを使うことはよく耳にするが、ドローンは人道的作戦の定番にもなりつつあり、停戦の監視、遠隔地への医薬品の配達、森林火災の消火、難民船の発見などにも役立っている。また、国際秩序の諸制度は瀕死状態にあるわけでも、単に悪用される運命にあるわけでもなく、新しい戦争世界に合わせてより積極的に使用されなければならない。

それらはまた、意図的な周縁化からも保護されなければならない。中国は狡猾で興味深い戦略を取ってきた。国際秩序の諸機関を破壊するわけでも、真正面から攻撃するわけでもなく、代替的で補完的な組織の設立に着手することでそれらに挑戦状を突きつけたのである。規則や制度を選り好みできる国は、世界市民ではなく消費者になる。２００１年に設立された上海協力機構は、アジア版のＮＡＴＯではなく、ユーラシア大陸の主要な安全保障機構を目指しており、ロシアも加盟国であるため、すでにヨーロッパにまで及んでいる。アジア・インフラ投資銀行はとかく世界銀行や国際通貨基金との協力に熱心だが、その過程で、中国政府の利益だけでなく、その価値も押し上げる中国中心のプロセスを作り上げようとしている。環太平洋パートナーシップ貿易協定（ＴＰＰ）をめぐる議論は示唆に富んでおり、アメリカのオバマ大統領は次のように発言した。「中国のような国にグローバル経済のルールを決めさせてはならない。ルールを決めるのは我々だ」。これらはいずれも未来を形作るのは誰かということだ。知的財産の保護を希薄化し環境の持続可能性をあまり重視しない貿易協定、人権よりも国家安全保障を重視する安全保障協定、グローバルな共通理解よりも国家主権を上に置く政治的枠組み――。中国政府の思い通りになれば、これらが次のグローバル時代を決定づける可能性がある。皮肉なことに、中国がウェストファリア的な国家であることは間違いないが、現在の国際秩序に挑戦しようとする彼らの行動は、これらの制度が実際にはどれほど重要であるのかを示している。

国家――新しいツール？

あなたが150億ドルを自由に使えるとしよう。いったい何を買うだろうか？　それだけあれば、新型フォード級の原子力空母だけでなく、その空母に搭載する航空機までも手に入る。だが、実際に空母を出港させることはできないし、護衛艦や支援船を集めて空母打撃群を編成することなどもってのほかだ。結局、中国の対艦弾道ミサイルDF-21D〈東風〉やロシアの新型極音速ミサイル3M22〈ツィルコン〉といった「空母キラー」の巨大で高価な標的を買ったにすぎないのだ。

また150億ドルは、ウラジーミル・プーチンが、ロシアとの関係を犠牲にしてEUとの関係強化を目指していたウクライナの当時の大統領ヴィクトル・ヤヌコーヴィチに翻意を促すための財政支援パッケージに相当する。確かに、2013年のその重大な決定はヤヌコーヴィチが失脚する原因になったが、その原則は依然として有効だ。他の使い道としては、世界保健機関の請求3年半分を賄うことができ、イギリスの海外開発援助予算全体の4分の3を1年間引き受けることができ、3000人の主要な外国の公務員に500万ドルずつ賄賂を贈ることができ、次世代の起業家や政治家やインフルエンサーになれる世界の10万人の優秀な若者に4年間分の奨学金を支給して、あなたの国の大学で学ばせたり、文化に触れさせたりすることができるだろう。

安全保障と影響力はどの程度代替可能な資産なのだろうか？　「大規模な戦争（ビッグウォー）」は退潮傾向にあるかもしれないが、武力戦争は完全に過去のものになったわけではない。影響力と隠密の強制力のみに依存している国家は、銃やミサイルを保持しておけばよかったと思うだろう。しかし、新しい軍事技術が戦争を再発明するシステムとして絶えず注目される時代にあって（実際には、あらゆる戦闘の基本的な構成要素である「塹壕に隠れている歩兵」に取って代わるものは存在しないようだが）、多くの国は資金の投入先についての厳しい決断を迫られている。

たとえばイギリスは、２０２１年に新しい知的基盤を開発する国家の脅威、ニーズおよび戦略的な機会の総合的な評価と評された「安全保障、国防、外交、開発についての総合レビュー」を発表した。ただし、イギリスは核戦力を維持し、（パンデミックが終息したら）ＧＤＰの最低２パーセントを防衛費に費やしつづけることをすでに決定していたため、このレビューもその決定を踏まえてのものだった。したがって、目新しい内容は何ひとつなく、いつも通りのわずかなリソースの再配分で終わってしまうことが予想された。実際、「グローバルな視野を持った問題解決と責任分担の国」についての陳腐なレトリックで脚色されていたが、レビューの大部分はまさに予想通りだった。それでもイギリスは、少なくともこの種の試みの必要性を認めたという点で称賛に値する。多くの国はいまだそのレベルに達していないからだ。政府は元来保守的であり、個々の軍隊、省庁、その他の機関は、官僚組織の主要な成果の証である予算の維持や拡大のために戦おうとするものなのだ。

将来的に、国家は権力や国際的な影響力や安全保障についてより柔軟な思考ができなければならないが、それを達成できる国家は相当有利な立場に立つことができる。たとえば、エストニアは総人口がミュンヘンやサンディエゴにも劣る小国だが、ロシアのサイバー攻撃に見舞われた経験とデジタル政府への先駆的な取り組みによって、サイバーセキュリティと、あまり大きく宣伝されていないがサイバースパイの先進国になった。アメリカのNSA並みの予算（2020年のNSAの推定予算は、エストニアの国家予算をわずかに下回る額だった）を投じなくても、優秀な人間を武器化してニッチな能力を強化することは可能なのだ。

かつて、ヨルダンやアイスランドのように戦略的位置のおかげで、あるいはアイルランドやイスラエルのようにディアスポラの政治力を活用することで、不相応な世界的影響力を獲得した小国が存在した。今後、そうしたニッチな能力を開発し維持することで、小国は大国と渡り合えるようになるかもしれない。ポーランドはイラクやアフガニスタンでの同盟軍の作戦に参加するためにGROM特殊部隊を派遣した結果、アメリカやその他の国々において予想外の影響力や権利を獲得することができた。軍事力が政治的資産になったのだ。ルクセンブルクの銀行秘密保持やシンガポールの企業に有利な規制環境など、経済的な強みを長いこと培ってきた国々は、それらを地政学的な影響力へと転換できる。現在、新しいチャンスが生まれつつある。2008年以来、韓国は低炭素グリーン成長という野心的な計画を公約にしてきた。その狙いは、気候変動の影響や自国の環境汚染に対処するだけでなく、これらの技術の世界的な中心地になることであり、目標達成のためにGDPの約2パーセントを費やしている。もちろん、これは世界にとっても韓国にとってもいいことだ――新しい安全保障の観点も含めて。新興のグリーンテクノロジーで早めにリードを奪うことにより、韓国は他部門に再投資可能な経済的見返りを獲得しようとしている（高額な防衛費を維持することも目的のうちだ。ヨーロッパ各国の防衛費が対GDP比で平均1・7パーセントであるのに対して、韓国は2・7パーセントである）。韓国はまた、各国がその新しい知的財産を利用しようと争うことで、国際社会での政治的な発言力が増すと考えている。

あらゆる基盤をカバーしようとする大国は、自国のインフラがハッカーの攻撃に対して脆弱だったり、政界のエリートたちのあいだで腐敗が横行し外国の言いなりになっていたりするなら、いくら最新鋭の戦闘機や多くのソフトパワーを保有していたとしても意味のないことだと気づくだろう。たとえば、ナイジェリアや南アフリカは、アフリカで最も裕福で名目上最も強力な国々だが、腐敗と国内情勢の不安定さのおかげで身動きが取れず、開発力が頭打ちになっている。

このことはまた、国際機関のときと同様に「重要な価値観は何か?」という根本的な問題を国家に投げかける。この新しい世界は皮肉屋の所有物であるとつい考えてしまいたくなるが、幸いにも、そこまで型にはまったものではない。実のところ、多くの現代国家が抱える最大の脆弱性はレトリックと現実の不一致である。政治家や組織は、スウェーデンの「フェミニスト外交」から、イギリスの外務・英連邦・開発省の基本方針である「イギリスが世界の善のための力として機能する」ことにいたるまで、彼らが価値観に基づく政策に忠実であることを吹聴する。言葉が現実と一致しているか、一致しているように見える限り、これは非常にうまくいく。たとえば、世界のジェンダー平等に関するスウェーデンの取り組みは称賛に値する。しかし、スウェーデンはジェンダー平等の意識が低いサウジアラビアへ武器を販売してもいる。「世のため人のためになる力（フォース・フォー・グッド）」を標榜するイギリスは、いまだに世界で分不相応な役割を果たそうとしているが、とりわけブレグジットがイギリスの島国根性を反映し、制度的な機能不全を引き起こしたという認識があるため、最近の多くの指標でソフトパワーの低下が見られる。

どんな先進的な取り組みにも不都合な点はあるものだ。これらの国々を取り上げたのは、単に彼らの矛盾点を指摘したいからではなく、集団と倫理、妥当性と公正さのバランスをとることの問題を強調するためだ。とりわけ国内政治において、他国に付け入る隙を与えてしまうのは、まさにこのギャップゆえである。公式の情報筋が偽情報に対して寛容であることに対する国民の不信から、腐敗を助長する透明性と説明責任の欠如や、混乱を引き起こす政治活動への資金提供にいたるまで、私たちは自分が直面する脅威を自ら定義する。自由で多元的で説明責任を負う報道機関、受益所有権と政治献金の適切な透明性、海外の人権に対する真剣な取り組みと他国の主権の擁護、言論の自由を乱用するプラットフォームに対する適切なメディアリテラシーと罰則、国内および海外で経済的・社会的に取り残されたコミュニティの向上——どれも少しも革命的なものではないが、これらの多くを、より着実に、より熱心に行うことは役に立つだろう。

つまり、国内および海外で、そのギャップを埋めて実際に自身の壮大なレトリックに従って行動することは困難かもしれないが、最終的には権威（スウェーデンの人口は1000万人にすぎないが、ソフトパワーに関して言えば、世界の上位5位内もしくは10位内にランクインするだろう）と安全保障の両方を生み出すことになる。そしてもちろん、海外での買収で150億ドルを使うことは賢い手のように思えるかもしれないが、次のことを心しておかなければならない。それは、賄賂とはせいぜい人間のレンタルでしかなく、今日彼らに支払うものを、明日もまた支払わなければならないということだ。さらに言えば、それらが駆け引きのルールとして受け入れられるなら、あなたはどうやって自分の国の役人が、あっさりと裕福な敵国に買収されるのを防ぐことができるだろうか？

民間部門——新しいマーケット？

民間部門が「国際社会のはらわたをむさぼるジャッカル」であるとは言い得て妙だ。国家間の競争の外注化と普遍化がさまざまな新しいビジネスチャンスを生み出していることは間違いない。傭兵や企業スパイだけのおいしい話ではない。映画製作者、報道対策アドバイザー、弁護士、プログラマー、資金洗浄屋（マネーローンダラー）、あらゆる業種の企業家がその分け前にあずかれる。これらを不道徳な利得行為と非難するのはお人好しでありアンフェアだ。というのは、多くの企業が積極的に自国のために働こうとしているか、ある種の行動規範を内在化しようとしているからである。

この最後の点はきわめて重要である。税法が最も都合のいい場所に移動できる超国家的な時代にあって、オフィスがどこにあるかは関係なく、規則は厄介で論争の的になりやすい。グーグルの行動規範には「邪悪になるな」という命令があることで有名だったが、グーグルがアルファベットに再編されると、そのモットーに「正しいことをしよう」が採用された。税金回避の方針からユーザー行動の追跡まで、あらゆることで批判されるようになったグーグルは、この素晴らしいモットーをしばしば非難として投げ返された。しかし倫理的な行為は、国の規制と消費者の気まぐれを満足させる以上に、企業にとって価値がある。たとえば、腐敗が深刻な問題となっているナイジェリアでは、ギャランティー・トラスト・バンクが、現地の慣行とは対照的な（それゆえ衝突が起こることがある）厳格な倫理的姿勢を貫くことで、国内で最も収益性の高い銀行に成長した。道徳心を欠いた不当な行為から得られる利益がないというわけではないが、善行でも十分な儲けを出すことができるのだ。

企業の成功とスキャンダル、公式のメッセージと主要な役員の経歴が、いまや公開情報になっていることを踏まえると、このことは高尚な野心家を引きつけ、将来のマイナスイメージを心配する投資家を安心させ、「倫理的な顧客」を獲得することに役立つかもしれない。ひとつ例を挙げれば、石油とガスの複合企業であるシェルは２０５０年までに炭素排出量を実質ゼロにすることを公言した。これは、たとえ持続可能な利益を得るための新しい方策であったとしても、現実的な企業が内なる倫理観と折り合いをつけようとしているように見える。

これは新時代の多様化する紛争に対処する際にも活かせる。北極圏や南シナ海の海洋境界をめぐって意見を戦わせる弁護士や専門家であれ、ＳＮＳ上の口論であれ、ますます民間部門の領域での戦いになりつつある。すでに、ツイッターやフェイスブックなどのプラットフォームは――熱意には差があるものの――彼らが拡散した内容に対する責任を認めるようになっている。これは最初の一歩だ。武器化に対抗するサービスや技術と見なせる市場も成長中だ。オンラインのトロールやなりすましを識別して、ブロックまたは追跡できるＡＩおよびアルゴリズム駆動のシステムを売り込む企業もすでに存在する。一部の企業は率直に言って悪徳業者だが、その他はこの新しい軍拡競争の最前線におり、オンラインスペースの毒性を弱めたり、管理を容易にしたりすることが期待される。当然のことながら、民間部門は国家よりも企業家精神にあふれ、想像力に富み、機敏である。本書で強調している数多くの問題をはらんだ変化――外注化された軍事請負業者の台頭から、銃、麻薬、人身売買された人々をも輸送するグローバル・サプライチェーンの発展まで――の中心には民間部門が存在しているが、彼らは問題解決にも役立つ可能性があるのだ。

個人――新しい責任？

最後に、ひとりひとりの市民として、消費者や有権者として、私たちはどうしたら新世界無秩序の単なる手先や犠牲者以上の存在になれるのだろうか？　独裁者は臣下に愛されることを望むだろうが、彼らの恐怖、無気力、絶望は甘受する――反乱を恐れる心配がないからだ。それと同じで、私たちに行動させないいちばんの方法は、世界を変えるためにできることは何もないと思い込ませることである。だが実際は、世界をよりよく、より安全な場所にするために私たちができることは3つある。

理解する。政府が新しいメディア・リテラシーを支援すべきであるとか、プラットフォームが偽情報をもっとブロックすべきであるなどと誰かが助言するとき、物知り顔でうなずくのは結構なことだが、フェイクニュース、誤解を招くミーム、有害なナラティブを実際に拡散しているのは私たちである。私たちは他人の投稿をちゃんと読まずに、まして深く考えずにリツイートしてしまう。自分の思い込みと一致するニュースを簡単に受け入れてしまう。基本的に丁寧な表現の意見に賛成してしまう。その一方で、自ら好んで議論をふっかけたり、誹謗中傷したり、事実を歪曲したりする。他人に期待するオンラインの倫理を自ら実践することや、プラットフォームとしての責任を果たさないSNSサービスの使用をやめることは、私たち自身にゆだねられている。ツイートストーム［多くのツイッターユーザーが特定の話題に関するツイートを一斉に投稿し、その話題でツイッターを席巻すること］をサポートすることや、自分自身の権利を擁護したり、好きな人を守ったりするためにボイコットを呼びかけることは比較的簡単にできる。真の課題は、自分と見解が異なる人や利害関係にない人に対しても同じことができるかどうかだ。ひとつの例としては、孤独感や疎外感を抱いている人々のコミュニティを作り、反対意見のナラティブや政治的に微妙な問題から彼らを守ることである。

活動する。遠く離れた場所からの改竄や破壊に対して私たちを脆弱にするテクノロジーそのものが、善のためのコミュニティを形成するまたとない機会を与えてくれる。オンラインでは、世界をよりよい場所にするクラウドファンディング・キャンペーンを広めたり支援したりできる。キヴァやレンドウィズケアなどのマイクロファイナンス組織は、小規模な開発融資を行って貧困層が合法的な仕事に従事することを支援し、反政府活動、犯罪、デマゴーグに手を染めるのを防いでいる。スマートフォンのカメラが使える人なら誰でも参加できる市民ジャーナリズムのプラットフォームは、政府や企業の報道管理を弱体化させる役割を持っている。ベリングキャットなどの団体は、プロの調査ジャーナリスト、内部告発者、市民ジャーナリストなどが連携してスパイを特定し、残虐行為を暴露した。

投票する。民主主義国を自称するすべての国が真に民主的なわけではないが、真に全体主義的な国というのもほとんど存在しない。たとえば、アメリカ、ロシア（地方の市民社会では政治活動の余地を残しているが、全国的な反対運動は難しい）、中国（国家があらゆる政治活動を支配しようとしている）のあいだで政治参加の機会に大きな開きがあるが、世界の多くの地域では、個人が政府を方向づけるか、少なくとも影響を与える一定の余地がある。民主主義のために、あるいは自分たちの声をロシアや中国にまで届けるために活動している勇敢な人々がいる。彼らが危険な目に遭ったり、望ましくない結果を招いたりするのを回避するには、活動の支援・奨励・保護が必要だ。

だがその一方で、私たちのなかで有意義な投票行動や政治運動を行える人は、その責任を軽く考えるべきではない。自分たちにふさわしい政治家を持つのを勧めることは不真面目かもしれないが、政治を腐敗と私利私欲が横行する世界であると片づけてしまうなら（つまり、よりよい政治を期待しないなら）、自分の国が他国に対して、隠密的でゼロサム的で高圧的な方針をとるのをよしとするなら、肩をすくめて何も期待せずに一票を投じるなら、私たちは事実上、武器化された世界における最悪のものに投票していることになる。

結論——おお、勇敢なる新世界よ

本書ほどの分量の本は、予想される新しい戦争世界の基本的な概要を大まかに述べるしかないため、さまざまな批評を受けやすい。だがそれは仕方のないことだ。私たちの個人的、国家的、地政学的な環境が変化しているという主張に異議を唱えるのは難しいが、それらの変化の先にあるものに関しては、いまだに議論が絶えない。いや、まさに議論をするという行為自体が世界の定義に役立つのだ。

これは、私たちが自分の語彙を考慮しなければならない理由のひとつである。私たちにはいまだ敵と味方がいるが、それらの言葉の意味は変化していくだろう。ロシアが西側の政治に干渉し、ハイテンポでしばしば文字通り殺人的な諜報活動を私たちの領域内で行っていることを考えてみよう。これによってロシアは敵になるのだろうか？　もしそうなら、なぜ私たちは依然としてロシアの石油やガスを購入し、軍縮について交渉し、オリガルヒに金を持ってくるよう働きかけているのだろうか？　トルコはＮＡＴＯの加盟国であり、他の西側諸国の同盟国である。そうであるなら、なぜトルコは数百万もの移民をヨーロッパへの脅迫に使い、アメリカが懸念しているにもかかわらずロシアの武器を購入し、シリアとリビアのジハード主義者を支援しているのだろうか？　単純な定義を当てはめることはできない。事実上どの国もただの「競争相手」だが、そのなかの一部が「敵対相手」に変化しているのだ。

同様に、明確な軍事紛争以外では、戦争と平和、勝利と敗北の概念も曖昧になっている。勝利とは呼べない勝利がある。競争の規模と深刻さは拡大することもあれば縮小することもある。まったく新しい権力の定義もある。あらゆる種類の紛争において、強さは任務に適切なツールを持っていることと、それらを使用する決断力によって決まる。紛争がますます影響力、接続性、経済力、秘密工作の領域に移行するなら、権力の新しい指標がより重要になる。改めて、ローマ教皇がいくつの師団を持っているかというスターリンの質問を考えてみよう。教皇庁が宗教的な権威、財政的な準備、そしてスパイではなく代表者の並外れたネットワークから得られる諜報力を持っている限り、カラフルな服装の一握りのスイス衛兵［ヴァチカン市国を警護するスイス人兵士］だけで十分なのだろうか？　ひょっとしたらローマ教皇は、スターリンが何人の社会的インフルエンサーを持っているのかと問い返すことができたかもしれない。

この新しい世界がソ連崩壊によってもたらされたことはほぼ間違いない。ソ連はあまりにも長いこと軍事力に過度に依存しており、イデオロギーのソフトパワー、最先端技術の利点、経済繁栄の根本的な必要性を無視してきた国家の典型だった。民主主義、コンピュータ、ロック音楽に対抗する次世代の巧妙な政治的・技術的・文化的戦争ではなく、先の戦争――ヒトラーに対抗する大規模な産業衝突――を計画するという古典的な過ちを犯していた。

たぶん、最後の言葉はマキャヴェッリに譲ったほうがいいだろう。「戦争は君主の唯一の研究対象であるべきだ。君主は平和を休息期間として考えなければならない。彼はそのあいだに策を企て、軍事計画を実行する能力を手に入れるのだ」。ソ連の指導者たちは、確かに西側との地政学的対立において「平和を休息期間として」考えていたが、戦争の研究に失敗し、戦争がどのように変化しているかを理解できなかった。それ以降、変化のペースは加速の一途だった。だから、私たちはみな、策を企てられる平和があるあいだに、新しい戦争世界を検討して、その準備ができているかどうかを確認し、自分自身の休息期間を多く残しておくべきなのだ。

推薦図書

生命、政治、戦争、そして世界が今後数年から数十年にわたってどのように進化するかをテーマにした本は、興味深いものがたくさんある。残念だがここでは、とくに関連があると思われる数冊を紹介しよう。クリストファー・コーカーの *Future War* (Polity, 2015) は、人間の人間(とロボット)に対する残酷な行為の要点を抑えてある。より概念的な見地については、ロバート・ラティフの *Future War* (Vintage, 2018)(『フューチャー・ウォー——米軍は戦争に勝てるのか?』、2018年、新潮社)と、アンドレアス・クリーグとジャン=マルク・リックリの *Surrogate Warfare: The Transformation of War in the Twenty-First Century* (Georgetown UP, 2019) がいいだろう。地政学的変化については、パラグ・カンナの *The Future Is Asian: Global Order in the Twenty-First Century* (Weidenfeld & Nicolson, 2019)(『アジアの世紀——接続性の未来』、2019年、原書房)、ダニエル・ヤーギンの *The New Map: Energy, Climate, and the Clash of Nations* (Allen Lane, 2020)(『新しい世界の資源地図——エネルギー・気候変動・国家の衝突』、2022年、東洋経済新報社)、そしてジェニファー・ウェルシュの *The Return of History: Conflict, Migration, and Geopolitics in the Twenty-First Century* (House of Anansi, 2016)(『歴史の逆襲——21世紀の覇権、経済格差、大量移民、地政学の構図』、2017年、朝日新聞出版)が読む価値があるが、その理由はそれぞれ大きく異なる。非常に大局的な観点から語るエイドリアン・ホンの *A New History of the Future in 100 Objects: A Fiction* (MIT Press, 2020) は、楽観的かつ人道的な意見であり、アンドリュー・メイナードの *Future Rising: A Journey from the Past to the Edge of Tomorrow* (Mango, 2020) は予測であると同時に宣言書でもある。

THE WEAPONISATION OF EVERYTHING
by
MARK GALEOTTI

武器化(ぶきか)する世界(せかい)

ネット、フェイクニュースから金融(きんゆう)、貿易(ぼうえき)、移民(いみん)まで
あらゆるものが武器(ぶき)として使(つか)われている

●

2022年7月29日　第1刷

著者…………マーク・ガレオッティ

訳者…………杉田 真(すぎた まこと)

装幀…………一瀬錠二（Art of NOISE）

発行者…………成瀬雅人
発行所…………株式会社 原書房

〒160-0022 東京都新宿区新宿1-25-13
電話・代表03（3354）0685
http://www.harashobo.co.jp
振替・00150-6-151594

印刷…………新灯印刷株式会社
製本…………東京美術紙工協業組合

ISBN978-4-562-07192-0, Printed in Japan